山东省绿色建造进展及典型案例

崔洪涛　程海涛　编　著

中国建设科技出版社有限责任公司
China Construction Science and Technology Press Co., Ltd.
北　京

图书在版编目（CIP）数据

山东省绿色建造进展及典型案例/崔洪涛，程海涛编著．--北京：中国建设科技出版社有限责任公司，2025．5．-- ISBN 978-7-5160-4472-8

Ⅰ．TU-023

中国国家版本馆 CIP 数据核字第 202536D8Q7 号

山东省绿色建造进展及典型案例

SHANDONGSHENG LÜSE JIANZAO JINZHAN JI DIANXING ANLI

崔洪涛　程海涛　编　著

出版发行：中国建设科技出版社有限责任公司

地　　址：北京市西城区白纸坊东街 2 号院 6 号楼

邮　　编：100054

经　　销：全国各地新华书店

印　　刷：北京印刷集团有限责任公司

开　　本：787mm×1092mm　1/16

印　　张：11．75

字　　数：280 千字

版　　次：2025 年 5 月第 1 版

印　　次：2025 年 5 月第 1 次

定　　价：89．00 元

本社网址：www. jskjcbs. com，微信公众号：zgjskjcbs

编写委员会

顾　　问：宋义仲

主　　编：崔洪涛　程海涛

编委委员：米春荣　颜承宇　伊永成　杜洪范　陈　江
张晓燕　赵素菊　丁　霞　姜爱国　尹相刚
王　哲　王　昶　谢　康　施春雷　张吉峰
李青灿　黄栎洲

参编人员：杜旭峰　史金波　邢　威　庞　茜　施春雷
薛远龙　刘兴通　路兴宇　陆福辉　胡晓璐
杨得建　刘学峰　王建平　冯现飞　李文迪
黄海伟　孔令琳

主编单位：山东省建筑科学研究院有限公司
山东土木建筑学会

参编单位：天元建设集团有限公司
山东省城乡规划设计研究院有限公司
中建八局第一建设有限公司
住房和城乡建设部科技与产业化发展中心
滨州城建集团有限公司
烟建集团有限公司
威海建设集团股份有限公司
中海建筑有限公司
济南大学
济南市城乡规划编制研究中心
中国建筑第五工程局有限公司
中建科工集团有限公司
山东省建研科技发展有限公司
山东建科特种建筑工程技术中心有限公司
山东绿色新技术开发有限公司

前　言

为了指导城乡建设领域科学规范地开展绿色建造，实现资源节约、环境保护的绿色建造管理目标，山东省建筑科学研究院有限公司、山东土木建筑学会与有关单位共同编写了《山东省绿色建造进展及典型案例》一书。

绿色建造是推动建设行业绿色发展的重要抓手之一，如今已成为城市开发建设的基本要求。本书介绍了山东省绿色建造进展情况、绿色建造评价体系、绿色建造技术等，书中结合5项典型绿色建造工程案例，详细地阐述了绿色策划、绿色设计、绿色施工、绿色交付等方面的情况，并且对绿色建造的实施效果进行了总结分析，从而为山东省绿色建造提供了案例参考。本书可供建筑与市政工程建设、设计、施工、监理企业的工程技术人员参考使用。本书内容翔实，数据可靠，具有很强的可操作性、系统性和参考价值，对推动绿色建造具有重要的指导性意义。

本书由崔洪涛、程海涛主编，具体编写分工如下：第一章由崔洪涛、张晓燕负责编写，第二章由程海涛、颜承宇负责编写，第三章由程海涛、李青灿负责编写，第四章由米春荣、黄栎洲负责编写，第五章由姜爱国、杜旭峰负责编写，第六章由尹相刚、史金波负责编写，第七章由王哲、邢威负责编写，第八章由施春雷、刘兴通负责编写，第九章由张吉峰、薛远龙负责编写；编写过程中，各参编人员充分发挥专业优势，密切协作完成编撰工作；全书由程海涛、张晓燕统稿；宋义仲对书稿内容进行了审定。

本书获得了山东省碳达峰碳中和专项“绿色宜居”科技示范工程——“基于城乡统筹发展的绿色宜居标准化体系和可持续发展路径研究与示范”课题（项目编号：2021SFGC0204）的专项资助。

本书编写过程中，参考了大量资料文献，在此向提供资料的个人和单位表示由衷的感谢！特别向给予指导和支持的山东省住房和城乡建设厅节能科技处、各参编单位表示衷心的感谢！

若书中存在谬误之处，还请读者谅解，并且作者愿意与读者共同探讨。

编者

2024年12月

目　录

CONTENTS

第 1 章　绪　　论

1.1　绿色建造概念

绿色建造是按照绿色发展的要求，通过科学管理和技术创新，采用有利于节约资源、保护环境、减少排放、提高效率、保障品质的建造方式，实现人与自然和谐共生的工程建造活动目标。绿色建造全面考量建筑工程的质量、安全、效率、环保、生态等要素，具有坚持因地制宜原则，坚持策划、设计、施工、交付全过程一体化协同，强调建造活动的绿色化、工业化、信息化、集约化和产业化的特性。

绿色建造是在绿色建筑、绿色施工概念提出并付诸实践后诞生的，针对二者存在的缺陷提出的一个全新的概念。它涵盖了绿色策划、绿色设计、绿色施工、绿色交付四个阶段，并将这四个阶段作为一个协同整体，将绿色化要求贯穿工程建造的全过程，不仅要实现绿色施工，更要打造绿色建筑工程。

(1) 绿色策划。在建筑工程的立项阶段，建设单位应主导编制一份全面的绿色策划方案，以确保项目在资源节约、环境保护、减少碳排放、品质提升和健康安全等方面达到预期目标。该方案应包括绿色设计、施工和交付的策划，并且要因地制宜地统筹建造全过程和全要素。为了实现绿色化、工业化、信息化、集约化和产业化的特征，建设单位需要明确项目的定位、组织架构和各阶段的主要控制指标，开展综合成本与效益分析，并制订主要的工作计划。同时，绿色策划还应关注产业链上下游的资源共享、系统集成和联动发展，制定合理的减排方案和碳排放管理体系，明确建筑垃圾减量化等目标。此外，绿色策划应积极利用数字化、网络化、智能化技术（如 BIM 技术），以及统一数据和接口标准的信息管理平台，实现各参与方和各阶段的信息共享与传递。综合考虑技术水平、成本投入与效益产出等因素，确定智能建造和新型建筑工业化的应用目标和实施路径。

(2) 绿色设计。绿色设计在工程绿色建造过程中扮演着至关重要的角色。需要全面统筹建筑、结构、机电设备、装饰装修、景观园林等各专业设计，确保策划、设计、施工、交付等建造全过程实现工程全寿命周期系统化集成设计。为提高绿色设计效率和精度，可采用 BIM 等数字化设计方式，实现各方的协同工作和设计优化。选材方面，应优先考虑就地取材，并统筹确保各类建材和设备的设计使用年限。此外，绿色设计应强化设计方案的技术论证，严格控制设计变更，尤其要确保任何变更都不会降低工程的绿色性能。

(3) 绿色施工。在绿色施工中，应遵循国家相关标准要求，根据绿色施工策划进行组织设计和方案的编制，并建立与设计、生产和运营维护的协同管理机制。积极采用工业化、智能化建造方式，实现低消耗、低排放、高质量和高效益的工程建设。运用

BIM、大数据等信息化技术提高施工管理的信息化和精细化水平，建立完善的绿色建材供应链，选用绿色材料和部品部件，编制建筑垃圾减量化专项方案。鼓励对传统工艺进行绿色化升级，加大新技术、新材料、新工艺和新设备的应用力度，优先采用“建筑业10项新技术”。部品部件生产应采用环保工艺和设备，提高数字化和智能化水平，并制定相应的管理制度和应急措施，保障人员身心健康。

（4）绿色交付。在工程绿色交付前，为确保绿色建造的效果，应进行全面的绿色建造效果评估，除了完成绿色建筑的检测并提交建筑使用说明书外，还应核定绿色建材的实际使用率，并提交核定计算书。此外，各分部分项工程的设计、施工、检测等技术资料应整合和校验，并按照相关标准移交给建设单位和运营单位。为确保建筑物的正常运行和维护，还应制定各子系统（如机电设备系统和消防系统）的运行操作规程和维护保养手册。绿色交付应按照交付标准及成果要求提供实体交付和数字化交付成果，数字化交付成果应与实体交付成果信息一致且准确，建设单位应在交付前组织成果验收，以确保所有工作符合预期标准。

1.2 绿色建造发展现状

自2015年10月《中共中央关于制定国民经济和社会发展第十三个五年规划的建议》将绿色发展列为国家五大发展理念之一以来，我国政府不断加强绿色发展在建筑领域的推广和实施。2016年2月，《中共中央　国务院关于进一步加强城市规划建设管理工作的若干意见》提出新时期的建筑方针为“适用、经济、绿色、美观”，即工程建造活动要践行“绿色发展”的理念与要求。2020年10月，《中共中央关于制定国民经济和社会发展第十四个五年规划和二〇三五年远景目标的建议》要求推动绿色发展，促进人与自然和谐共生，并加快推动绿色低碳发展，发展绿色建筑。

为进一步推动绿色发展工作，2020年12月，住房和城乡建设部办公厅印发了《关于开展绿色建造试点工作的函》（建办质函〔2020〕667号），初步开展试点工作，选择湖南省、广东省深圳市、江苏省常州市作为绿色建造试点地区，预期到2023年年底形成可复制推广的绿色建造技术体系、管理体系、实施体系和评价体系，为全国其他地区推行绿色建造奠定基础。2021年3月，住房和城乡建设部又发布了国家层面第一本用于指导绿色建造的导则——《绿色建造技术导则（试行）》，提出了节约资源、保护环境、减少排放、提高效率、保障品质等绿色建造五大目的，划分了绿色策划、绿色设计、绿色施工、绿色交付等绿色建造四个过程，明确了实现绿色建造的两大主要手段分别是工业化和信息化。2021年10月，中共中央办公厅、国务院办公厅印发了《关于推动城乡建设绿色发展的意见》，要求实现工程建设全过程绿色建造，开展绿色建造示范工程创建行动，推广绿色化、工业化、信息化、集约化、产业化建造方式，加强技术绿色建造进展及体系构建创新和集成，利用新技术实现精细化设计和施工。2022年3月，《“十四五”建筑节能与绿色建筑发展规划》（建标〔2022〕24号）中提出要推广新型绿色建造方式，大力发展钢结构建筑，在商品住宅和保障性住房中积极推广装配式混凝土建筑，因地制宜发展木结构建筑，推广成熟可靠的新型绿色建造技术，完善装配式建筑标准化设计和生产体系。2022年6月，住房和城乡建设部、国家发展改革委联合发布

《城乡建设领域碳达峰实施方案》(建标〔2022〕53号),提出持续开展绿色建筑创建行动,到2025年,城镇新建建筑全面执行绿色建筑标准,星级绿色建筑占比达到30%以上,新建政府投资公益性公共建筑和大型公共建筑全部达到一星级以上。制定完善绿色建筑、零碳建筑、绿色建造等标准。完善绿色建筑和绿色建材政府采购需求标准,在政府采购领域推广绿色建筑和绿色建材应用。近年来,我国在绿色建造领域实现了快速进步,住房和城乡建设部先后多次发文大力推进"绿色建造",辅之以"智能建造"和"工业化建造"开展"三造融合"。"十四五"期间,绿色建造仍是建筑业实现转型发展的重要途径,也是建筑领域践行绿色发展理念和实现"双碳"目标的有力抓手。

目前,为推动绿色建造高质量深入发展,全国各地都在积极部署绿色建造的发展规划。其中,湖南省在2021年7月成立了湖南省绿色建造专家委员会,旨在为绿色建造领域重大战略与共性技术难题提供解决方案。此前湖南省已明确长沙机场改扩建工程等9个项目为全省第一批绿色建造试点项目,明确了将长沙市、株洲市、湘潭市设为全省第一批绿色建造试点城市。计划到2023年年底,形成可复制推广的包括政策、管理、技术、评价、人才和市场体系在内的绿色建造创新体系,并初步形成长效发展机制,为全国绿色建造工作提供"湖南样板"。2021年9月,江苏省发布《江苏省"十四五"绿色建筑高质量发展规划》,提出要加强省级绿色建筑发展专项资金项目管理,积极推动绿色信贷、绿色保险、绿色债券、绿色融资担保等产品服务在建筑领域的应用。2022年7月,上海市发布《关于完整准确全面贯彻新发展理念做好碳达峰碳中和工作的实施意见》,提出实施工程建设全过程绿色建造,全面推广装配式建筑和全装修住宅,并加快推进绿色生态城区建设和农村绿色低碳发展。湖北省于2023年3月发布《绿色建造技术手册》,标志着湖北省在绿色建筑施工建造技术方面已迈入新阶段,为下一步全面推广关键适用技术、开展全过程绿色建造做好了准备。同时间,山西省印发《山西省城乡建设领域碳达峰实施方案》,提出到2030年前,绿色建造和绿色生活方式普遍推广,人居环境持续改善,城乡建设绿色低碳发展质量明显提高。2023年8月,云南省印发《云南省城乡建设领域碳达峰实施方案》,明确大力推进绿色建造,加强绿色策划、绿色设计、绿色施工、绿色交付全过程统筹,推广建筑材料工厂化精准加工、精细化管理。2024年1月,广州市印发《广州市绿色建筑和建筑节能管理规定》,致力于提高绿色建筑品质,提升既有建筑能效水平,并推广新型绿色建造方式。

2022年8月,国务院印发《关于支持山东深化新旧动能转换 推动绿色低碳高质量发展的意见》(国发〔2022〕18号),赋予山东建设绿色低碳高质量发展先行区的重大历史使命,为山东建设绿色低碳城乡带来了机遇。近年来,山东省住房城乡建设系统以绿色低碳高质量发展先行区建设为总抓手,将绿色发展理念贯穿城乡建设全过程、各领域,突出抓好机制保障、城乡统筹、扩面提效、补链强链、节约集约五个方面,凝聚绿色低碳转型新动力、拓展城乡绿色发展新空间、推动绿色建筑发展新跃升、推广绿色智能建造新模式、加快形成绿色生活新方式,各项工作取得明显成效。

尽管绿色建造理念提出已有10余年,且目前已经有了一系列的政策支持和推广工作,但是绿色建造仍处于研究探索阶段。目前仍存在侧重单项技术多、简单过程多,忽略建造全过程的综合考量,缺乏有效的整合集成、技术标准不健全,绿色建造评价标准和认证体系有待建立,产业链体系不成熟等问题。

第2章　山东省绿色建造发展现状

2.1　引　　言

建筑业是推动城乡建设绿色低碳发展的主战场、主阵地、主力军。绿色建造以其具有绿色化、工业化、信息化、集约化和产业化等特征，与绿色建筑、建筑节能、装配式建筑、绿色建材、绿色施工等密切关联、相互融合。近年来，山东省住房城乡建设系统认真贯彻落实国家、省有关部署要求，深入实施绿色建筑创建行动，持续提升建筑能效水平，加快推进建造方式革新，积极推广应用绿色建材，逐步全面推行绿色施工，统筹带动绿色建造发展取得积极成效，为形成绿色生产生活方式和城乡建设绿色发展提供了强劲助力。

2.2　建造过程绿色化

2.2.1　绿色设计

2021年3月，住房和城乡建设部印发《绿色建造技术导则（试行）》，针对绿色设计过程提出了设计与材料选用的要求，强调绿色设计包含被动技术、可再生能源利用，以及标准化、模块化构件、材料选用。目前，山东省尚未发布专项绿色设计政策文件或技术标准，仍以绿色建筑、被动式超低能耗建筑为导向的绿色设计为主，相关技术要求散见于山东省工程建设标准《被动式超低能耗居住建筑节能设计标准》DB37/T 5074—2016、《绿色建筑设计标准》DB37/T 5043—2021及《山东省绿色建筑施工图设计审查技术要点》等标准文件中。

《被动式超低能耗居住建筑节能设计标准》DB37/T 5074—2016提出了建筑围护结构设计、无热桥设计、气密性设计、遮阳设计、供暖空调和通风系统设计等被动技术。《绿色建筑设计标准》DB37/T 5043—2021提出了适宜山东省的绿色设计方法和技术措施，并突出强调了建筑能效提升、装配式建筑、超低能耗建筑、智慧建造、太阳能建筑一体化等具有鲜明地域特色的技术。《山东省绿色建筑施工图设计审查技术要点》提出建筑、结构、给排水、暖通及电气等专业的审查要点，强调安全耐久、健康舒适、生活便利、资源节约、环境宜居的绿色设计目的，为实现绿色建造提供了参考。

近年来，为进一步促进绿色建造和建筑业转型升级，山东省住房和城乡建设厅结合本省实际，制定了山东省建筑垃圾减量化工作实施方案，包括推行绿色设计，贯彻落实“适用、经济、绿色、美观”的建筑设计方针，统筹考虑工程全寿命期的耐久性、可持续性，突出建筑使用功能及节能、节材和环保等要求，从源头上预防和减少工程全寿命期的建筑垃圾的排放。同时，鼓励采用高强、高性能、高耐久性和可循环材料，以及先进适用技术体系等开展工程设计。2021 年 9 月，山东省住房和城乡建设厅印发《关于认真执行〈绿色建筑设计标准〉〈绿色建筑评价标准〉的通知》（鲁建节科字〔2021〕6 号），要求绿色建筑施工单位应按照经审查合格的施工图设计文件，编制绿色施工技术方案，推广应用绿色施工、绿色建造、建筑信息模型（BIM）技术，提高绿色建材应用比例。2023 年，为充分发挥工程建设标准设计作用，山东省住房和城乡建设厅在《关于促进工程建设标准设计高质量发展的指导意见》（鲁建标字〔2023〕19 号）中提出，应充分认识标准设计的重要性、提升标准设计质量，重点强化提升绿色节能水平，倡导“被动式技术优先、主动式技术优化”设计原则，完善绿色建筑标准设计体系，提升房屋建筑和市政工程品质，助推住房城乡建设事业绿色高质量发展。

在绿色建材推广方面，山东省先后出台了一系列政策，为绿色建材产业加快发展创造了良好的政策环境。2022 年，山东省住房和城乡建设厅印发《山东省绿色建材推广应用三年行动方案（2022—2025 年）》（鲁建节科字〔2022〕11 号），对全省未来三年绿色建材推广应用工作进行全面部署，明确政府投资工程率先采用绿色建材并加大推广应用力度。此外，还编制发布了《山东省绿色建材推广应用导则（试行）》，推动政府投资或政府投资为主的城镇新建建筑，星级绿色建筑、装配式建筑、超低能耗建筑、近零能耗建筑等城镇新建建筑全面采用绿色建材。山东省还积极推进政府采购支持绿色建材工作，济南、青岛等 8 个城市成功获批国家政府采购支持绿色建材促进建筑品质提升试点。同时，省住房城乡建设厅定期举办山东省绿色建筑与建筑节能新技术产品博览会，为绿色建材生产、应用各方提供合作交流的平台。配合省工信厅扎实开展绿色建材下乡活动，并指导省建筑节能协会等社会团体开展绿色建材技术交流活动。

山东省在绿色设计方面虽已经取得了一定的进展，但仍然需要进一步加强政策制定和技术创新。未来，将继续推广绿色设计理念，完善相关政策和技术标准，加强绿色建材的研发和应用，以实现建筑业的高质量发展，促进经济、社会和环境的可持续发展。

2.2.2　绿色施工

自 2015 年以来，山东省的绿色施工得到快速发展，一系列的政府政策和推广措施得以落地实施。

2015 年，山东省住建厅发布了绿色施工科技示范工程的相关技术指标和实施办法，成功立项了第一批绿色施工科技示范工程。积极组织绿色施工工作推进会和技术培训，部署山东省绿色施工及示范工程创建工作，为绿色施工的推广奠定了坚实基础。此后，山东省不断完善绿色施工相关技术标准和示范工程创建工作。2016 年，发布《建筑与市政工程绿色施工管理标准》DB37/T 5086 和《建筑与市政工程绿色施工评价标准》DB37/T 5087，立项了第二批示范工程。2017 年，成立了山东土木建筑学会绿色施工专家库，发布了修订版的《山东省绿色施工科技示范工程实施办法（与技术指标）》，细化了技术指标，并立项了第三批示范工程。随后的几年中，山东省继续加大力度推动绿色施工的发展，2018 年至 2019 年连续立项多批绿色施工示范工程和首批绿色智慧建造示范工程，发布了《山东省绿色施工新技术推广目录》《山东省绿色施工科技示范工程实施指南》

和《绿色施工技术指南与工程应用》。2020年，启动了相关技术标准的修订工作，持续立项绿色施工示范工程和绿色智慧建造示范工程。同时，开展了绿色施工专家培训，进一步规范了全省绿色施工评价工作。2021年，发布了《建筑与市政工程绿色施工技术标准》DB37/T 5175—2021、《建筑与市政工程绿色施工管理标准》DB37/T 5086—2021、《建筑与市政工程绿色施工评价标准》DB37/T 5087—2021，构建了山东省绿色建造全过程标准体系，为绿色施工的规范化提供了有力支撑。同时启动了山东省绿色施工科技项目评价工作，为绿色建造科技试点项目做准备。2022年，开展了两批山东省绿色施工科技项目评价工作，组织召开了山东省绿色施工科技项目答疑交流会。2023年，发布了《绿色建筑施工质量验收规程》《建筑与市政工程绿色建造技术标准》DB37/T 5157—2021，立项了两批山东省绿色施工科技项目评价，召开了山东省绿色建造科技评价培训会，进一步提升了山东省绿色施工科技项目水平和质量，为推进山东省绿色建造工作和建筑业高质量发展奠定了基础。

山东省在绿色建造的施工环节已经开展了卓有成效的工作，目前已经形成了以山东省绿色施工科技示范工程为抓手，涵盖管理、技术、评价等方面的政策、技术体系。

在政策体系方面，形成了与省政府、省住建厅政策文件相结合的绿色施工顶层设计。《山东省绿色建筑促进办法》要求施工单位在施工过程中采取绿色建造措施，降低资源、能源消耗，减少废弃物排放，防止噪声和扬尘污染，并将相关费用纳入工程造价。《山东省绿色施工科技示范工程实施办法》明确了绿色施工科技示范工程的创建要求，提出了诚信评价和激励措施。《山东省绿色建筑创建行动实施方案》强调城镇建筑和市政工程应积极推广绿色施工，特别是政府投资或主导的项目，并发展适宜绿色施工技术，修订和完善标准体系，积极创建示范工程。山东省住建厅《关于认真执行〈绿色建筑设计标准〉〈绿色建筑评价标准〉的通知》要求施工单位编制绿色施工技术方案，推广应用绿色施工、绿色建造和BIM技术，提高绿色建材应用比例，最大限度节约资源、保护环境、减少污染。

在技术体系方面，山东省绿色施工技术体系由《建筑与市政工程绿色施工技术标准》DB37/T 5175—2021、《建筑与市政工程绿色施工管理标准》DB37/T 5086—2021、《建筑与市政工程绿色施工评价标准》DB37/T 5087—2021构成。《建筑与市政工程绿色施工技术标准》DB37/T 5175—2021对山东省多数已列入《建筑业10项新技术（2017版）》《绿色施工技术推广目录》《山东省绿色施工新技术推广目录》的建筑工程、市政工程的绿色施工技术应用和创新做了规定。《建筑与市政工程绿色施工管理标准》DB37/T 5086—2021提出了以组织—策划—实施—评价为主线的组织管理体系，构建了以技术创新与新技术应用为核心、组织管理和技术管理双轮驱动的山东省绿色施工管理体系。《建筑与市政工程绿色施工评价标准》基于山东省经济社会发展水平和地理环境特点，给出了八个维度的绿色施工评价指标及指标限值，给出了符合山东省省情的评价指标分值、权重系数及等级划分方法，实现了与国家评价体系的对接。

山东省先后制定了绿色施工技术指南，编制完成了建筑与市政工程绿色施工技术、管理、评价等一系列地方标准，在施工阶段全面落实“四节一环保”要求，有效降低了工程项目主要材料损耗率和建筑垃圾排放量。2015—2024年，累计创建省级绿色施工科技示范工程项目17批、2267项，涵盖住宅建筑、公共建筑、市政道路桥梁、城市轨道交通、高速铁路等类型。其中，近百个绿色施工典型项目荣获中国土木工程詹天佑奖、优秀住宅小区金奖、国家优质工程奖、全国绿色建筑创新奖等。

2.3 建造手段绿色化

2.3.1 工业化

自2016年国务院办公厅印发《关于大力发展装配式建筑的指导意见》（国办发〔2016〕71号）以来，住房和城乡建设部稳步推进装配式建筑发展，指导各地出台相关政策措施，相继编制了《装配式混凝土建筑技术标准》GB/T 51231、《装配式钢结构建筑技术标准》GB/T 51232、《装配式木结构建筑技术标准》GB/T 51233和《装配式建筑评价标准》GB/T 51129等标准规范，装配式建筑技术体系日益成熟。

山东省积极做好要素保障，构建制度体系，加快形成科技创新强支撑。突出企业培育，支持大型企业与建筑业转型融合发展。加大“引进来”力度，先后引进多家省外龙头企业。推动产业组团式发展，组建成立山东省装配式建筑产业创新联盟、山东省钢结构行业协会、山东省BIM技术应用联盟，初步形成了省会、鲁南、胶东等3个相对集中的新型建筑工业化产业集聚区，覆盖生产、设计、施工、集成应用、科技研发、装备制造等全产业链。凭借建设“一片区域”、引入“一批企业”、打造“一批项目”、形成“一系列增长点”，有效促进区域经济增长。在财政方面，先后出台一系列政策文件，持续投入省级财政资金，支持开展装配式建筑政策机制、标准规范、技术体系等30多项课题研究。

为大力发展装配式建筑，2017年1月，山东省人民政府办公厅印发《关于贯彻国办发〔2016〕71号文件 大力发展装配式建筑的实施意见》（鲁政办发〔2017〕28号），提出了三个阶段性发展目标，明确了用地支持、财政激励、金融扶持、科技支撑、鼓励装配、企业减负六类支持政策。为推动我省装配式建筑持续健康发展，2018年4月，山东省住建厅制定了《山东省装配式建筑发展规划（2018—2025）》，提出应推进协同设计、发展智能制造、实施装配化施工、推进一体化装修，提升建造能力。为明确装配式住宅建筑全装修实施要求，2018年7月，山东省住建厅制定了《山东省装配式住宅建筑全装修技术要求（试行）》，对装配式装修、工业化内装部品选用提出了要求。为进一步促进绿色建筑发展，2019年3月，山东省人民政府制定了《山东省绿色建筑促进办法》，其中第二十八条、二十九条、三十二条提出鼓励绿色建筑采用装配式建造方式，新建城镇民用建筑应当明确装配式建筑比例、装配率、评价等级等要求，县级以上人民政府应当安排绿色建筑与装配式建筑资金。

发展钢结构装配式住宅，有利于实现住宅建造方式工业化、绿色化、智能化，提高住宅抗震性能和居住品质、促进建筑业转型升级、节约资源能源和保护生态环境。2020年6月，山东省住建厅、发展改革委等13部门联合印发了《关于推动钢结构装配式住宅发展的实施意见》（鲁建节科字〔2020〕7号），提出积极探索形成健全有效的钢结构装配式住宅发展机制，2020—2021年，全省新建钢结构装配式住宅200万平方米以上。

在新一轮科技革命和产业变革背景下，2021年8月，省住建厅启动新型建筑工业化全产业链发展课题研究，结合山东实际，提出了山东省推进新型建筑工业化全产业链发展的总体目标、推进路径、支持政策和保障措施建议，为政府部门制定政策、编制规划、优化产业布局提供支撑。对促进山东省建筑业高质量发展、提升建筑全产业链企业核心竞争力具有重要意义。

2022 年 5 月，为推动新型建筑工业化全产业链发展，山东省住建厅发布了《关于推动新型建筑工业化全产业链发展的意见》（鲁建节科字〔2022〕5 号），提出加快发展工业化建造、协同发展智能化建造、积极发展绿色化建造、推动产业集聚化发展、创新组织管理模式、强化支撑能力建设以及保障措施等意见。同年 10 月，住建厅编制了《山东省新型建筑工业化全产业链发展规划（2022—2030）》（简称《规划》），《规划》立足新发展阶段，完整准确全面贯彻新发展理念，围绕全省住房城乡建设事业绿色低碳高质量发展总目标，对我省 2022—2030 年新型建筑工业化全产业链发展进行全面布局，提出“到 2025 年，全省新开工装配式建筑占城镇新建建筑比例达到 40%以上，其中济南、青岛、烟台市达到 50%以上；培育 10 个以上各具特色的新型建筑工业化产业集聚区；到 2030 年，全省新开工装配式建筑占城镇新建建筑比例达到 60%以上；打造省会、胶东、鲁南 3 个千亿级新型建筑工业化产业集群”。2023 年 12 月，为推行新型建筑工业化链主制，统筹协调推进全产业链发展，住建厅印发了《山东省新型建筑工业化产业链链主管理办法》（鲁建节科字〔2023〕5 号），明确了新型建筑工业化产业链链主制构成、链主条件，规范链主申报、评审、认定程序等。

近年来，山东省积极推进建筑业转型升级和建筑工业化融合，工程总承包全面落地，全过程工程咨询服务深入推行，大力推动新型建筑工业化全产业链发展，加快装配式建筑提档升级，圆满完成国家建筑业综合改革试点、钢结构装配式住宅试点任务，获批国家装配式建筑示范城市 7 个、国家装配式建筑产业基地 34 家，创建 77 家省级新型建筑工业化产业基地、5 个产业园区。推动青岛获批国家智能建造试点城市，累计投产各类装配式部品部件企业 214 家。同时，推动政府投资或国有资金投资建筑工程全面采用装配式建筑，其他项目装配式建筑占比不低于 30%，“十四五”以来全省新开工装配式建筑 1.55 亿 m^2。

除上述政策文件外，在人才支撑方面，省住建厅积极组织开展山东省智能建造与新型建筑工业化培训，支持多所院校设置智能建造相关专业。开展全省新型建筑工业化高质量发展技术交流大会等专题活动，为全面推进新型建筑工业化奠定了良好的发展基础。

2.3.2 信息化

2021 年，住房和城乡建设部印发《绿色建造技术导则（试行）》（建办质〔2021〕9 号），从整体提升建造手段信息化水平、数字设计、运用信息化技术组织绿色施工、通过信息化手段监测、信息技术应用、数字交付等方面对建筑工业化手段提出要求。近年来，山东省在绿色智慧建造（智慧工地）方面开展了探索。

2019 年，山东省住建厅印发《关于组织申报山东省绿色智慧建造科技示范工程的通知》（鲁建节科字〔2019〕9 号），要求示范工程应建有智慧建造集成管理平台，充分利用 BIM、大数据、物联网、监控等技术，提升工程现场人员、材料、安全、质量、进度、环境管理水平。

2021 年，省住建厅印发《全省房屋建筑和市政工程智慧工地建设指导意见》（鲁建质安字〔2021〕7 号），提出“一年打基础、两年求突破、三年上水平”的三年计划，“一年打基础”是指到 2021 年年底，规模以上项目全面推行一星（A）级标准，鼓励将项目信息接入全省建筑施工安全监管平台，实现视频监控、远程监管；“两年求突破”是指到 2022 年年底，全面推行二星（AA）级智慧工地，做到智慧管理、自动监测，安全隐患实时报警、在线预控；“三年上水平”是指到 2023 年年底，全面推行三星（AAA）级智慧工地，智能建造技术普遍应用，智慧管理手段成为常态，机械化换人、自动化减人目标基本实现。

2023 年，山东省人民政府发布《山东省数字政府建设实施方案》（鲁政字〔2023〕15 号），明确到 2025 年年底前，在安全生产、工程建设等领域广泛应用智慧监管手段，推进远程监管、移动监管、实时监管。《山东省数字基础设施建设行动方案（2024—2025 年）》（数字强省办发〔2023〕10 号）提出，加快城市建设数字化转型，积极推广人工智能、建筑机器人等智能建造技术，打造一批“智慧工地”，推动智能建造与新型建筑工业化协同发展。《山东省质量强省建设纲要》提出，实施质量管理数字化转型工程，支持企业“上云用数赋智”，构建数字化、智能化质量管控模式。省、市各级住房和城乡建设部门勇担使命、迎难而上，加快智慧工地建设，有力地推动了山东省智慧工地建设工作由“打基础”“求突破”到“上水平”的飞跃。

在激励体制机制方面，山东省强化正向激励。一是激励企业创新，支持符合条件的智能建造企业申请小巨人、瞪羚、独角兽、单项冠军、质量标杆企业等认定。二是激励项目落地，将智能建造技术应用纳入泰山杯等奖项评分项，符合条件的项目优先推荐申报鲁班奖、优质工程奖等国家奖项。三是加大金融支持，将智能建造工程、企业纳入绿色金融、绿色债券重点支持范围。

山东省聚焦智能建造发展目标任务，聚力构建数字化设计体系，着力发展智能建造装备，建设建筑产业互联网平台，推进部品部件生产数字化升级，推进建造方式智慧化转型，持续深化建筑业数字化改革。随着各项措施的深入实施，山东省信息化建设将保持强劲的发展势头，为推动全省数字经济发展做出应有的贡献。

2.4　建造产品绿色化

2.4.1　绿色建筑

绿色建筑是推动可持续发展和应对环境挑战的重要手段。对此，山东省积极响应国家绿色发展号召，大力推广绿色建筑，促进城乡建设绿色发展。省政府印发《山东省绿色建筑促进办法》《关于推动城乡建设绿色发展的若干措施》（鲁政办发〔2022〕7 号）等法规政策，建立完善绿色建筑推广与管理机制。自 2019 年起，城镇新建民用建筑全面执行绿色建筑标准，政府投资或以政府投资为主的公共建筑及其他大型公共建筑按照二星级以上绿色建筑标准进行建设。全省推行统一管理、分级实施的绿色建筑标识模式，组建绿色建筑专家库，94 个项目获评星级绿色建筑。健全绿色建筑星级标识制度及评价标准体系，积极发展高星级绿色建筑。2013—2022 年，山东省累计建成绿色建筑 9.3 亿 m²（2013—2022 年山东省绿色建筑建成面积如图 2.4-1 所示），推广星级绿色建筑标识项目 1.7 亿 m²，绿色建筑占城镇新竣工民用建筑比例超过 99%。

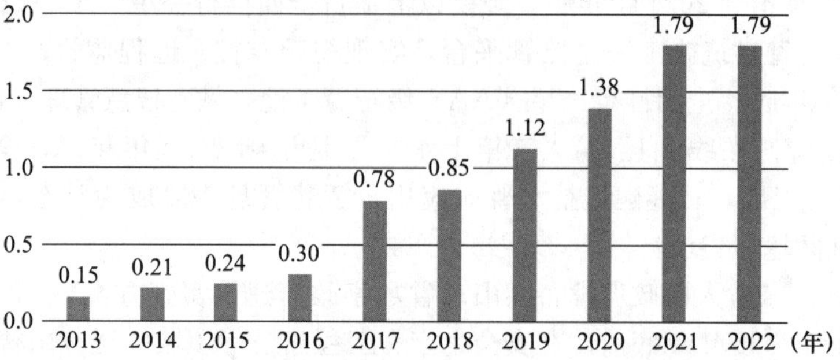

图 2.4-1　2013—2022 年山东省绿色建筑建成面积（亿 m²）

在建筑节能方面，山东省人大三次修订施行《山东省民用建筑节能条例》，山东省住建厅会同有关部门发布《山东省城乡建设领域碳达峰实施方案》，大力推进建筑节能降碳。山东省建立实施建筑节能全过程监管机制，在全国各省中率先执行居住建筑节能 83%、公共建筑节能 72.5%的设计标准。支持建设超低能耗建筑 250 余万 m²，组织开展近零能耗及低碳、零碳建筑试点。山东省内 14 市纳入国家北方地区冬季清洁取暖试点城市，统筹推进既有建筑节能改造，济南、青岛、济宁、聊城 4 市通过国家公共建筑能效提升重点城市总结评估。全面推广可再生能源热水系统，因地制宜推进太阳能光伏、地热能、生物质能等在建筑中多能复合、综合应用。2013—2022 年，全省累计建成节能建筑 13.6 亿 m²（2013—2022 年山东省节能建筑建成面积如图 2.4-2 所示），完成既有建筑节能改造 2.48 亿 m²，推广可再生能源建筑应用 6.8 亿 m²。

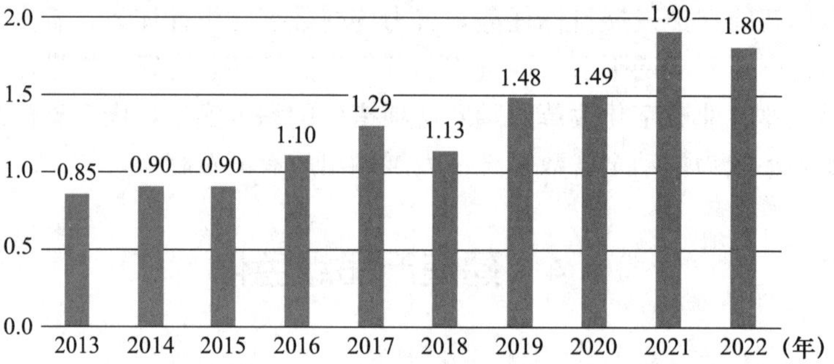

图 2.4-2　2013—2022 年山东省节能建筑建成面积（亿 m²）

山东省以发展绿色建筑、推动建筑节能为重要抓手，推动住建领域绿色低碳高质量发展。2022 年 12 月，山东省人民政府印发《山东省城乡建设领域碳达峰实施方案》（鲁政字〔2022〕242 号），明确将提升建筑全链条绿色低碳发展水平。同时，统筹开展绿色低碳县城和乡村建设，包括推进绿色低碳县城建设、建设绿色宜居乡村、推广绿色低碳农房、推动农房用能结构调整等。山东省还将推动绿色建筑地方立法，组织创建绿色城市试点。编制发布绿色建筑工程施工质量验收标准等，进一步完善地方标准体系。

稳步提升建筑能效水平，修订公共建筑节能标准。加快超低能耗建筑规模化发展、光伏建筑一体化（BIPV）项目建设，开展低碳、零碳建筑（社区）建设试点。

2.4.2 生态城区

绿色生态示范城区是为了倡导在城市的新建城区中因地制宜利用当地可再生能源和资源，推进绿色建筑规模化发展提出来的概念。建设绿色生态城区、加快发展绿色建筑，不仅是转变建筑业发展方向和城乡建设模式的重大问题，也直接关系到群众的切身利益。

绿色建筑和绿色生态城区建设落实了加强生态文明建设的要求，山东省紧紧抓住城镇化、工业化、信息化和农业现代化的战略机遇期，牢固树立尊重自然、顺应自然、保护自然的生态文明理念，以绿色建筑发展与绿色生态城区建设为抓手，引导我国城乡建设模式和建筑业发展方式的转变，促进城镇化进程的低碳、生态、绿色转型。在理念导向上，倡导人与自然生态的和谐共生理念，以人为本，以维护城乡生态安全、降低碳排放为立足点，倡导因地制宜的理念，优先利用当地的可再生能源和资源，充分利用通风、采光等自然条件，因地制宜发展绿色建筑，倡导全生命周期理念，全面考虑建筑材料生产、运输、施工、运行及报废等全生命周期内的综合性能。在目标选取上，发展绿色建筑与发展绿色生态城区同步，促进技术进步与推动产业发展同步，政策标准形成与推进过程同步。在推进策略上，坚持先管住增量后改善存量，先政府带头后市场推进，先保障低收入人群后考虑其他群体，先规划城区后设计建筑的思路。

为贯彻落实国家和山东省关于生态文明建设、新型城镇化有关决策部署，规范和引导山东省城镇新建城区建设模式和发展方式的转变，促进城镇化向低碳、生态、绿色转型，规范绿色生态城区的建设，山东省住建厅编制了《山东省绿色生态城区建设技术导则（试行）》，规定了绿色生态城区建设涉及的土地使用、绿色交通、绿色建筑、能源、水资源、生态环境、固体废弃物、信息化、绿色经济、实施保障方面的要求，为山东省绿色生态城区的建设提供了有力的技术支撑和政策保障。近年来，山东省稳固发展优势技术，积极开展绿色建筑科研开发、技术集成与标准研究，先后制（修）订了涉及绿色建筑设计、施工、检测、改造、验收、评价等领域的技术规程，推动了绿色建筑和绿色生态城区的健康有序发展。

截至 2023 年，山东省累计创建临沂市北城新区、烟台高新技术产业开发区、济南高新技术产业开发区（汉峪片区）等 23 个省级绿色生态示范城区，威海环翠区温泉镇、济南玉皇庙镇、潍坊安丘市景芝镇等 67 个省级绿色生态示范城镇，推动绿色建筑由单体向绿色社区、绿色片区、绿色城区发展。

第 3 章　绿色建造评价体系

3.1　评价框架

绿色建造评价贯穿工程策划、设计、施工、交付建造全过程，绿色建造评价框架体系如图 3.1-1 所示，评价框架体系包括评价阶段、评价要素、评价指标、评价等级四个部分。评价阶段分为绿色策划、绿色设计、绿色施工、绿色交付四个阶段。其中，绿色策划、绿色交付不单独划分评价要素；绿色设计评价要素包括环境保护、节材与材料资源利用、节水与水资源利用、节能与能源利用、节地与土地资源保护、技术创新与应用等；绿色施工评价要素包括施工管理、环境保护、节材与材料资源利用、节水与水资源利用、节能与能源利用、节地与土地资源保护、人力资源节约与职业健康安全、技术创新与应用等。评价指标包括控制项、一般项和优选项。评价等级分为不合格、合格、良好和优秀。绿色建造实施单位应根据评价结论采取持续改进措施，并有实施记录。

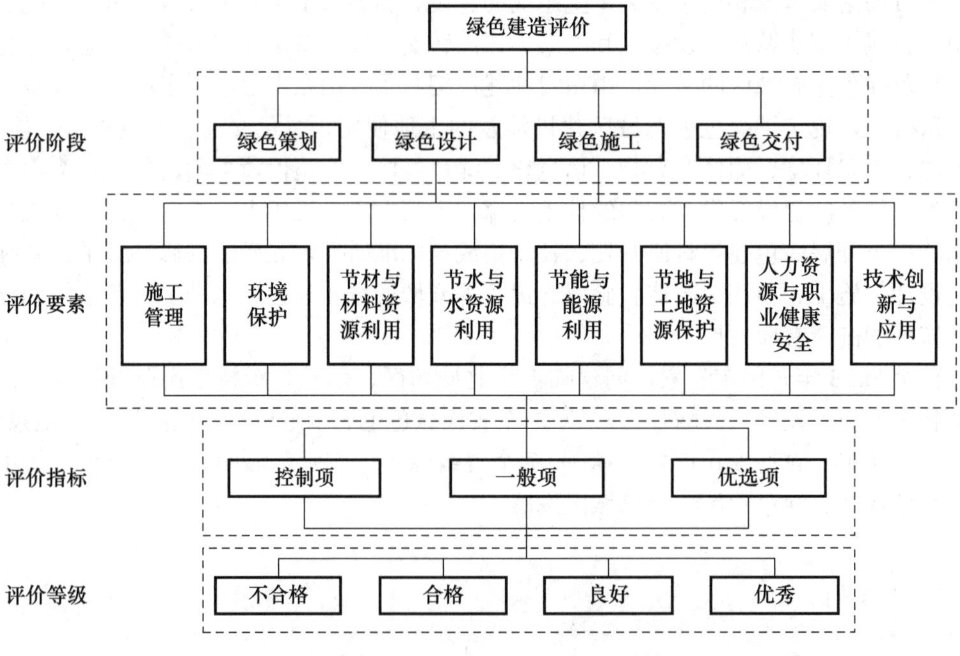

图 3.1-1　绿色建造评价框架体系

3.2 评价指标

绿色建造评价包括绿色策划、绿色设计、绿色施工、绿色交付四个方面的内容，评价指标分为控制项、一般项和优选项。评价指标数量见表 3.2-1。

表 3.2-1　评价指标数量

评价指标	绿色策划	绿色设计	绿色施工	绿色交付	合计
控制项	4	5	29	4	42
一般项	4	29	69	5	107
优选项	3	14	46	3	66

绿色设计阶段评价指标数量见表 3.2-2。

表 3.2-2　绿色设计阶段评价指标数量

评价指标	环境保护	节材	节水	节能	节地	技术创新
一般项	6	6	6	6	2	3
优选项	3	3	2	2	2	2

绿色施工阶段评价指标数量见表 3.2-3。

表 3.2-3　绿色施工阶段评价指标数量

评价指标	施工管理	环境保护	节材	节水	节能	节地	人力资源	技术创新
控制项	5	9	3	2	4	2	2	2
一般项	6	18	11	6	8	6	10	4
优选项	3	7	11	6	5	4	5	5

绿色策划、绿色设计、绿色施工、绿色交付等各阶段评价指标详见表 3.2-4。

表 3.2-4　绿色建造评价指标

第 1 部分　绿色策划评价指标		
控制项	1	建设单位应组织编制项目绿色策划方案，明确绿色建造总体目标和资源节约、环境保护、减少碳排放、品质提升、职业健康安全等分项目标
	2	设计单位应编制绿色设计策划书，确定绿色设计目标与实施路径，明确主要的绿色设计指标和对应的主要技术措施；强化设计方案技术论证，重大变更应组织专家对其是否影响工程绿色性能进行论证
	3	施工单位应按现行山东省工程建设标准《建筑与市政工程绿色施工管理标准》DB37/T 5086 的规定进行绿色施工策划，明确绿色施工目标，制定绿色施工措施
	4	施工单位及相关绿色建造实施单位应制定绿色建造项目的实体和数字化交付内容及交付标准，明确各阶段责任主体、交付成果及绿色建造效果评价内容和方式

续表

第1部分　绿色策划评价指标		
一般项	1	工程项目应采用工程总承包或全过程工程咨询管理服务模式
	2	工程项目应建立涵盖设计、生产、施工等不同阶段的协同设计机制
	3	工程项目应对生态环境保护、资源节约与循环利用、碳排放降低、人力资源节约及职业健康安全等进行总体分析，策划适宜的绿色施工技术路径与措施
	4	绿色交付策划应明确综合效能调适及绿色建造效果评价的内容及方式
优选项	1	工程项目应采用BIM正向设计，优化设计流程，支撑不同专业间以及设计与生产、施工的数据交换和信息共享
	2	工程项目应制定推进BIM与企业管理信息系统集成应用、推动BIM与城市信息模型（CIM）平台以及建筑产业互联网融通联动的方案
	3	工程项目应按照城市信息化建设要求和运营维护需求，制定数字化交付标准和方案
第2部分　绿色设计评价指标		
控制项	1	工程项目应按一星级及以上绿色建筑标准进行设计
	2	工程项目设计不得采用列入国家、行业、地方政府限制、禁止使用目录的材料、产品、设备及技术
	3	工程项目不应采用建筑形体和布置严重不规则的建筑结构，造型要素应简约、无大量装饰性构件
	4	工程项目应有效利用地域自然条件，尊重城市肌理和地域风貌，合理设计建筑布局、交通组织、场地环境、场地设施和管网
	5	工程项目应进行建筑垃圾减量化设计
一般项	Ⅰ环境保护	
	1	工程项目应采取保护历史文物及古树名木、水源地等自然生态环境的措施
	2	工程项目应按现行国家标准《建筑碳排放计算标准》GB/T 51366的规定，对工程全寿命周期碳排放进行计算
	3	工程项目应因地制宜采取声、光污染防治措施
	4	可再生能源的使用不应造成对环境和原生态系统的破坏以及对自然资源的污染
	5	工程项目应采取净地表层土利用、棕地土壤污染修复、污染水体净化和循环等保护场地内原有的自然水域、湿地、植被的生态补偿措施
	6	公路、铁路工程穿越环境敏感区及生态敏感区路段应进行方案比选，当无法绕避时应设置相应环境保护措施，并应符合当地主管单位的规定
	Ⅱ节材与材料资源利用	
	7	工程项目应选择地方性建筑材料和当地推广使用的建筑材料
	8	防水材料选用及防水施工做法应满足耐久性要求
	9	建筑门窗、幕墙、外围护结构、外墙饰面及其配件的力学性能、热工性能和耐久性能等应符合相应产品标准规定，并应满足设计工作年限要求
	10	配件应选用长寿命产品，制定部品之间寿命匹配方案。不同使用寿命的部品组合时，构造宜便于分别拆换、更新和升级
	11	工程项目应采用标准化构件和部件、使用集成化模块化建筑部品
	12	场地道路、垂直运输、给排水、消防系统等应进行永临结合设计

续表

第2部分　绿色设计评价指标		
一般项		Ⅲ　节水与水资源利用
	13	工程项目应编制水系统设计专项方案，统筹利用多种水资源，确定各分项节水指标及综合节水指标
	14	工程项目应按高质高用、低质低用原则，采用节水系统、节水器具和设备、节水景观和绿化浇灌设计等节水措施
	15	政府投资工程和大型公共建筑应采用水耗分类分项远传计量系统
	16	给水系统应设置智能计量装置，水计量器具配备率应达到100%
	17	工程项目应按废水水质分流排水的要求进行排水系统设计，排放水质应符合国家现行有关标准的规定
	18	卫生器具用水效率等级应全部达到2级及以上等级
		Ⅳ　节能与能源利用
	19	工程项目应编制建筑能耗设计专项方案，确定各分项节能指标及综合节能指标
	20	政府投资工程和大型公共建筑应采用能耗分类分项远传计量系统
	21	工程项目应利用场地自然条件，优化建筑朝向和楼距，采取利用自然通风和天然采光的措施
	22	冷热源、输配系统和照明等各部分能耗应进行独立分项计量
	23	工程项目应采取提高建筑围护结构保温隔热性能的措施
	24	工程项目应根据建筑规模、用途、能源条件以及国家和地区节能环保政策对冷热源方案进行综合论证，合理利用浅层地能、太阳能、风能等可再生能源以及余热资源
		Ⅴ　节地与土地资源保护
	25	建筑场地应统筹规划、合理布局，采取减少土地占用和夹心地集约利用土地的工程措施
	26	项目总平面布置应合理紧凑，建筑用地适度密集，强调土地的集约化利用，充分利用周边的配套公共建筑设施，合理规划用地，高效利用土地
		Ⅵ　技术创新与应用
	27	设计中采用的“建筑业10项新技术（2017版）”不应少于6大项
	28	设计中应采用四新技术或自主研发的新技术
	29	设计中应体现人与自然和谐共生的可持续发展理念
优选项		Ⅰ　环境保护
	1	环保工程与主体工程应同时设计
	2	对列入国家、地方名录的野生保护动植物应采取保护措施，落实率应达到100%
	3	噪声、振动、水、大气、固体废物、电磁污染治理达标率应达到100%
		Ⅱ　节材与材料资源利用
	4	工程项目应采用高性能、低材耗、耐久性好的新型结构体系；宜采用工业化生产的预制构件，预制构件的设计应做到标准化
	5	工程项目应采用装配式装修
	6	工程项目应选用可再循环材料、可再利用材料、利废建材，可再循环材料使用量占所用相应建筑材料总量的10%以上

续表

第2部分　绿色设计评价指标		
优选项	Ⅲ　节水与水资源利用	
	7	工程项目设计应体现海绵城市建设理念，采用“渗、滞、蓄、净、用、排”等措施对施工期间及建筑竣工后的场地雨水进行有效统筹控制，溢流排放应与城市雨水排放系统衔接
	8	工程项目应采用雨水、污水分流系统，宜采用雨水和中水回用系统
	Ⅳ　节能与能源利用	
	9	工程项目应采用高效供能、用能系统和设备，宜针对不同能源结构采用能源梯级利用措施
	10	工程项目应按“被动式技术优先、主动式技术优化”原则，优化功能空间布局，采取场地空间、建筑本体与设备综合节能措施
	Ⅴ　节地与土地资源保护	
	11	工程项目应利用公共交通网络，优化组织交通，采取减少人车干扰的措施
	12	工程项目应种植少维护、耐候性强的乡土植物，构建多层次复合生态结构，优化绿地配置
	Ⅵ　技术创新与应用	
	13	采用的“建筑业10项新技术（2017版）”不应少于8大项
	14	依托本项目取得创新成果应填补省内空白或达到国内先进水平
第3部分　绿色施工评价指标		
Ⅰ　施工策划与管理		
控制项	1	施工单位应建立以项目经理为第一责任人的绿色施工管理体系，制定绿色施工管理制度
	2	施工单位应按现行山东省工程建设标准《建筑与市政工程绿色施工管理标准》DB 37/T 5086 规定进行绿色施工策划，明确绿色施工目标，制定绿色施工措施
	3	施工组织设计中的绿色施工章节和绿色施工专项方案应包括施工组织与管理、环境保护、节材与材料资源利用、节水与水资源利用、节能与能源利用、节地与土地资源保护、人力资源节约与职业健康安全、技术创新与应用等内容
	4	施工单位应对绿色施工目标进行量化并考核
	5	施工过程中不得发生下列任何一种情况： （1）安全生产死亡责任事故； （2）质量事故或由质量问题造成不良社会影响； （3）群体传染病、食物中毒等责任事故； （4）施工中因环境保护、资源节约问题被政府管理部门处罚； （5）违反国家有关环境保护、资源节约的法律法规； （6）施工扰民造成严重社会影响
一般项	1	施工现场应实行封闭管理
	2	施工现场应设置包含环境保护、节材与材料资源利用、节水与水资源利用、节能与能源利用、节地与土地资源保护、人力资源节约与职业健康安全等内容的绿色施工标识
	3	施工单位应对全部参建人员进行绿色施工培训
	4	分包或劳务合同、技术交底应包含绿色施工内容
	5	绿色施工资料和记录应包括绿色施工策划与管理、环境保护、节材与材料资源利用、节水与水资源利用、节能与能源利用、节地与土地资源保护、人力资源节约与职业健康安全、技术创新与应用
	6	施工单位应按要求进行自我评价，及时总结绿色施工经验

续表

第3部分　绿色施工评价指标		
Ⅰ　施工策划与管理		
优选项	1	施工单位应成立绿色施工专业指导委员会，对绿色施工进行咨询、研究、决策和评估
	2	施工单位应采用智慧工地管理系统提高项目管理水平
	3	施工单位应在绿色施工中取得管理创新
Ⅱ　环境保护		
控制项	1	施工单位应调查施工现场及毗邻区域内人文景观、基础设施管线分布情况，采取保护措施
	2	施工单位应制定地下文物资源保护应急预案
	3	施工场界空气质量指数 PM2.5、PM10 小时浓度不应超过同时段所属县（市、区）PM2.5、PM10 小时平均浓度
	4	施工现场主要进出口应设车辆冲洗设备，对进出场车辆进行清洗
	5	施工现场严禁焚烧废弃物
	6	高空垃圾清运严禁采用抛落的方式
	7	施工单位应根据施工阶段对噪声进行实时动态监测，场界环境噪声排放限值应符合下列规定： （1）昼间不应超过 70dB（A），夜间施工噪声不应超过 55dB（A）； （2）当场界距噪声敏感建筑较近，其室外不满足测量条件时，可在噪声敏感建筑物室内测量，昼间不应超过 60dB（A），夜间施工噪声不应超过 45dB（A）； （3）夜间噪声最大声级超过限值的幅度不得高于 15dB（A）
	8	施工现场食堂、厕所应分别设置隔油池、化粪池，并定期清理
	9	施工单位应采取下列地下水和土壤保护措施： （1）当进行基坑降水时，地下水位控制应对相邻建筑物和地表无有害影响； （2）当进行地下水回灌时，回灌水源的水质不应低于回灌目标含水层地下水的水质； （3）有毒有害废弃物不得用作回填材料
一般项	1	施工单位应采取以下环境保护措施： （1）防尘、抑尘和降尘措施； （2）建筑垃圾减量化措施； （3）避免或减少光污染的措施； （4）应按现行国家标准《建筑施工场界环境噪声排放标准》GB 12523 的规定实施噪声管理，并采取降噪措施； （5）污水处理与排放措施
	2	施工现场应配置洒水设备，设专人负责洒水清扫
	3	裸露地面、集中堆放的土方应采取覆盖措施
	4	运送土方、渣土、垃圾及易散落、飞扬、流漏的建筑材料的车辆应采取封闭或遮盖措施
	5	当施工现场使用散装水泥、预拌砂浆及其他细颗粒、易飞扬建筑材料时，应采取密闭防尘措施，余料应及时回收
	6	施工现场机械设备有害气体排放应符合现行国家标准《大气污染物综合排放标准》GB 16297 的要求
	7	施工单位应采取电焊烟气排放减量化措施，集中焊接应有焊烟净化装置
	8	施工现场食堂油烟应全部净化处理后排放
	9	施工现场的建筑垃圾、生活垃圾应分类收集、集中存放、定期处置
	10	新建建筑施工现场建筑垃圾（不包括工程渣土、工程泥浆）排放量不应高于 300 吨/万 m^2；装配式建筑施工现场建筑垃圾（不包括工程渣土、工程泥浆）排放量不应高于 200 吨/万 m^2；市政工程建筑垃圾（不包括工程渣土、工程泥浆）排放量不应高于 0.25 吨/万元
	11	工程垃圾回收利用率不应小于 30%，工程渣土、工程泥浆的合规消纳处置率应达到 100%
	12	废电池、废墨盒等有毒有害废弃物分类率应达到 100%，并全部封闭回收
	13	夜间室外照明灯应加设灯罩，照射方向应集中在施工范围
	14	电焊作业应采取遮挡或其他减少光污染的措施
	15	施工现场应采用低噪声、低振动的机械设备，并定期保养维护，对于施工噪声较大的机械设备应采取隔声与隔振措施
	16	施工现场道路及材料堆放场地周边应设排水沟
	17	雨水、污水应分流排放
	18	污水应经处理达标后排入市政污水管道

续表

第3部分　绿色施工评价指标		
Ⅱ　环境保护		
优选项	1	扬尘治理应采用自动抑尘设施
	2	高空垃圾清运应采用封闭式垃圾通道
	3	工程垃圾回收利用率不应小于50%，工程渣土利用率不应小于20%，工程泥浆改良率不应小于30%
	4	碎石类、土石方类垃圾应用作地基和路基回填材料
	5	施工现场食堂应采用成品隔油池
	6	施工现场厕所应采用成品化粪池
	7	施工现场应根据需要设置可移动环保厕所，并定期清运、消毒
Ⅲ　节材与材料资源利用用		
控制项	1	严禁使用国家、行业、地方政府明令淘汰的材料和制品
	2	施工单位应编制材料计划，按需组织材料进场
	3	施工单位应采取限额领料、建筑垃圾再生利用措施
一般项	1	施工单位应选用绿色建材，建立合格供应方档案
	2	施工单位应选用可再循环材料或可再利用材料
	3	临建设施与安全防护设施应定型化、工具化、标准化，并采用可拆迁、可回收材料，重复使用率不应小于70%
	4	施工现场应使用预拌砂浆和预拌混凝土，采取降低水泥用量的措施
	5	材料运输、装卸与存放应采取防止遗撒和损坏的措施
	6	施工单位应制定线材、管材、板材、块材的下料方案
	7	落地灰、混凝土余料应及时清理、收集和再利用
	8	主要建筑材料损耗率应分别统计，实际损耗率应比定额损耗率降低30%及以上
	9	工具式定型模板或新型材料模板使用面积占模板工程总面积的比例不应小于50%
	10	施工单位应采取提高模板、脚手架周转次数的措施
	11	建筑材料包装物回收率应达到100%
优选项	1	可再循环材料或可再利用材料用量占建筑材料总用量的比例不应小于10%
	2	施工单位应采用BIM及其他信息化技术进行碰撞检查、制定下料与铺装方案
	3	钢筋工程应采用工厂化加工和集中配送的方式
	4	主要建筑材料损耗率应分别统计，实际损耗率应比定额损耗率降低50%及以上
	5	当进行爆破施工时，应采用高效抑尘安全爆破工艺
	6	当进行灌注桩施工时，应采用智能化灌注标高控制方法
	7	施工单位应采用建筑配件整体化或建筑构件装配化安装的施工方法
	8	施工单位应使用管件合一的脚手架和支撑体系
	9	工具式定型模板或新型材料模板的使用面积占模板工程总面积的比例不应小于85%
	10	水平承重模板应采用早拆支撑体系
	11	主体工程施工应采用自动提升、顶升模架或工作平台
Ⅳ　节水与水资源利用		
控制项	1	施工单位应按评价阶段分别确定生活用水与生产用水指标和节水指标，并进行计量考核
	2	在签订分包合同时，应将节水指标纳入合同条款，并进行计量考核

续表

第3部分　绿色施工评价指标		
Ⅳ　节水与水资源利用		
一般项	1	施工现场节水器具配置率应达到100%
	2	施工现场管网和用水器具不应有渗漏
	3	冲洗施工机具、设备、车辆时，应采用高压冲洗设备和非传统水源，并设立循环用水装置
	4	喷洒路面、绿化浇灌应使用经检测合格的非传统水
	5	混凝土养护和砂浆搅拌用水应采取节水措施
	6	当有基坑降水时，应采取基坑降水存储、使用措施
优选项	1	施工现场实际用水量应比现行山东省工程建设标准《山东省城市生活用水量标准》DB37/T 5105 规定的用水量标准降低10%及以上
	2	施工现场全部卫生器具的用水效率等级应达到2级及以上
	3	施工现场应建立基坑降水、雨水、污水的再利用收集处理系统
	4	施工单位应提前建设并应用永久性雨水收集处理系统
	5	施工现场临时道路、绿地等应按海绵城市技术要求进行建设
	6	施工现场应使用经检测合格的非传统水，再利用率不应小于20%
Ⅴ　节能与能源利用		
控制项	1	施工单位应按评价阶段分别确定生活办公能耗和生产能耗定额指标和节能指标，并进行计量考核
	2	严禁使用国家、行业、地方政府明令淘汰的施工机具
	3	距离施工现场500km以内生产的建筑材料及设备重量占比不应小于70%
	4	施工现场临时用电设计应符合现行行业标准《施工现场临时用电安全技术规范》JGJ 46 的规定
一般项	1	施工单位应采取能源使用管理措施，并有下列实施记录： （1）临时用电记录； （2）施工机械台账； （3）施工机械用电、用油计量记录； （4）重点耗能机械设备能源利用监控记录
	2	选用施工机械前应进行绿色性能比选，采用作业能效高的施工机具
	3	施工单位应采取施工机械共享、提高资源利用率的措施
	4	施工现场临时用房应符合下列要求： （1）应采用自然采光、通风和外窗遮阳设施； （2）应使用热工性能达标的复合墙体和屋面板； （3）办公生活用房应进行吊顶
	5	节能照明灯具使用率应达到100%
	6	施工现场照明设计应以满足最低照度为原则，实际照度不应大于最低照度的1.2倍
	7	施工单位应采取减少夜间作业和冬期施工时间的措施
	8	施工单位应采取就近堆放或其他减少材料二次搬运的措施
优选项	1	施工现场能源消耗量应比定额能源消耗量降低10%及以上
	2	临时用电应采用自动控制装置
	3	对于能耗大的施工机械及车辆，应安装能源监控装置，并定期进行数据采集与分析
	4	施工现场应根据当地气候和自然资源条件利用太阳能或其他可再生能源
	5	应进行碳排放计算分析，并采取降低碳排放强度的施工措施

续表

第 3 部分　绿色施工评价指标		
Ⅵ　节地与土地资源保护		
控制项	1	施工用地应有审批手续，用地红线外临时用地应办理相关手续
	2	施工现场平面布置应合理、紧凑、满足施工要求，并根据工程进度实施动态调整
一般项	1	施工用地范围内原有绿色植被应得到保护和利用
	2	场地内绿化面积与临时用地总面积之比不应小于 5%，临建设施占地面积与临时用地总面积之比不应小于 90%
	3	临建设施应利用既有建筑及市政设施
	4	施工单位应优化基坑支护及土石方工程方案，采取减少开挖量和回填量的措施
	5	施工现场应利用场内空地或荒地作为取弃土场的用地
	6	施工单位应采取防止水土流失的措施
优选项	1	当施工周期不少于 3 年时，应按永久绿化的要求安排场地新建绿化
	2	生产区绿化面积不应少于场地内总绿化面积的 10%
	3	施工单位应优化设计场内交通道路，利用既有道路或拟建市政及小区道路为施工服务
	4	当基坑支护结构超出用地红线时，应采用可回收式支护结构
Ⅶ　人力资源节约与职业健康安全		
控制项	1	施工单位应根据工程进度制订人力资源需求计划，提供卫生、健康的工作生活环境
	2	施工单位应辨识施工危险源，并编制人员健康、施工现场卫生突发事件应急预案
一般项	1	施工现场人员应实名制管理，关键岗位人员应持证上岗
	2	实际总用工量应比定额用工量降低 3%及以上
	3	施工单位应采取施工场所公共卫生防控管理措施，并定期对员工进行体检
	4	施工单位应建立个体防护装备领用台账，危险作业环境下个体防护装备配置率应达到 100%
	5	办公区、生活区与生产区应分开设置，现场宿舍人均使用面积不得小于 2.5m²，每间宿舍居住人员不应超过 8 人，并设置可开启式外窗
	6	施工现场食堂应符合下列要求： （1）应有食品经营许可证； （2）炊事员应持有效健康证明； （3）食堂应设置单独的制作间、储藏间； （4）应采取食堂卫生、食材、饮用水、食品留样管理措施
	7	施工现场应配备常用药品和急救器材
	8	卫生设施、排水沟及阴暗潮湿地带应定期消毒、清洁
	9	施工单位应采取减少雨雪天和高温天气作业时间的措施
	10	当进行深井及密闭环境作业、防水和室内装修施工时，应采取强制通风措施
优选项	1	施工现场应设置心理疏导室、文体活动室、阅览室
	2	施工现场应设立医务室
	3	工人宿舍应设置报警、防火及其他安全装置
	4	施工现场应采取人车分流隔离措施
	5	野外施工时，应采取防止高温、严寒、高湿、高盐、沙尘暴等恶劣气候条件及野生动植物伤害的措施

续表

第 3 部分　绿色施工评价指标		
Ⅷ　技术创新与应用		
控制项	1	施工单位不得采用列入国家、行业、地方政府限制、禁止使用目录的技术
	2	施工单位应按照现行山东省工程建设标准《建筑与市政工程绿色施工技术标准》DB37 /T 5175 的有关要求，制定绿色施工技术应用名录并实施动态管理
一般项	1	施工单位采用的“建筑业 10 项新技术”不应少于 6 大项
	2	施工单位采用“建筑业 10 项新技术”中的“绿色施工技术”子项的比例不应小于 60%
	3	施工单位采用住房城乡建设部或山东省绿色施工技术推广目录中施工技术的比例不应小于 30%
	4	施工单位应采用“四新技术”或自主开发的工法、专利及其他新技术
优选项	1	施工单位采用的“建筑业 10 项新技术”不应少于 8 大项
	2	施工单位采用“建筑业 10 项新技术”中的“绿色施工技术”子项的比例不应小于 80%
	3	施工单位采用住房城乡建设部或山东省绿色施工技术推广目录中施工技术的比例不应小于 50%
	4	施工单位应开展技术创新，形成具有自主知识产权的新技术、新工艺、新工法
	5	施工单位应针对绿色施工内容开展 QC 活动
第 4 部分　绿色交付评价指标		
控制项	1	项目交付前应完成策划、设计、施工三个阶段的评价并分别满足合格及以上等级标准
	2	项目交付前应提交绿色建材实际使用率核定计算书
	3	项目交付前应开展综合效能调适，并提供综合效能调适报告
	4	项目交付前应完成绿色建筑相关检测，并提交建筑使用说明书
一般项	1	项目交付时，应对运行管理人员进行培训
	2	绿色建造实施单位应按照绿色交付标准及成果要求提供实体交付及数字化交付成果，数字化交付成果应保证与实体交付成果信息的一致性和准确性
	3	项目交付前应将建筑各分部分项工程的设计、施工、检测等技术资料整合和校验，并按相关标准和交付策划方案要求移交建设单位和运营单位
	4	数字化交付内容包含竣工建筑信息模型、数字化工程技术档案、质量验收文件、工程决算书、关键施工过程影像资料等，并应编制说明书，详细说明交付的范围与内容
	5	绿色建造实施单位应制定机电设备系统、消防系统等建筑物各子系统的运行维护操作规程和维护保养手册
优选项	1	建筑信息模型应按单位工程进行划分组建，每个单位工程包含建筑、结构、给排水、电气、暖通等分专业模型以及综合模型文件
	2	绿色建造各相关方应为建筑信息模型构件建立唯一性的系统编码
	3	项目交付前应计算实际碳排放量，并和绿色设计阶段的预估碳排放量对比分析

3.3 评价方法

（1）控制项指标全部满足，评价方法符合表 3.3-1 的规定。

表 3.3-1 控制项评价方法

评价要求	结论
措施到位，全部满足考评指标要求	进入一般项与优选项评分流程
措施不到位，不满足考评指标要求	不合格

（2）一般项指标根据实际发生项执行的情况计分，评价方法符合表 3.3-2 的规定。

表 3.3-2 一般项评价方法

评分要求	评分
措施到位，全部满足考评指标要求	1
措施基本到位，部分满足考评指标要求	0.5
措施不到位，不满足考评指标要求	0

（3）优选项指标根据实际发生项执行的情况计分，评价方法符合表 3.3-3 的规定。

表 3.3-3 优选项评价方法

评分要求	评分
措施到位，满足考评指标要求	2
措施基本到位，部分满足考评指标要求	0.5、1、1.5
措施不到位，不满足考评指标要求	0

（4）得分项有完备的证明材料，并符合下列条件：

① 证明材料应包括但不限于典型图片和影像资料；

② 图片和影像资料应能辨认出所在实施项目的特征。

（5）要素评价得分符合下列条件：

① 一般项和优选项要素评价得分分别按百分制折算，并按式（3.3-1）、式（3.3-2）进行计算：

$$A_{gi}=\frac{B_{gi}}{C_{gi}}\times 100 \qquad \text{式（3.3-1）}$$

$$A_{ei}=\frac{B_{ei}}{C_{ei}}\times 100 \qquad \text{式（3.3-2）}$$

式中 A_{gi}——第 i 个评价要素一般项的评价得分；

A_{ei}——第 i 个评价要素优选项的评价得分；

B_{gi}——第 i 个评价要素一般项实际发生项条目实得分之和；

B_{ei}——第 i 个评价要素优选项实际发生项条目实得分之和；

C_{gi}——第 i 个评价要素一般项实际发生项条目应得分之和；

C_{ei}——第 i 个评价要素优选项实际发生项条目应得分之和。

② 要素评价得分按式（3.3-3）计算：

$$A_i = \alpha_1 \times A_{gi} + \alpha_2 \times A_{ei} \quad \text{式（3.3-3）}$$

式中　A_i——第 i 个评价要素的评价得分；

α_1、α_2——一般项、优选项的权重系数，按表 3.3-4 的规定取值。

表 3.3-4　一般项、优选项的权重系数

评价指标	权重系数
一般项	0.7
优选项	0.3

（6）批次评价得分按式（3.3-4）计算：

$$D_j = \sum A_j \eta_j \quad \text{式（3.3-4）}$$

式中　D_j——第 j 个批次评价得分；

η_i——第 i 个评价要素的权重系数，按表 3.3-5 的规定取值。

表 3.3-5　评价要素的权重系数

评价要素	权重系数	
	绿色设计	绿色施工
施工管理	—	0.10
环境保护	0.25	0.25
节材与材料资源利用	0.20	0.20
节水与水资源利用	0.10	0.05
节能与能源利用	0.15	0.10
节地与土地资源保护	0.10	0.05
人力资源节约与职业健康安全	—	0.05
技术创新与应用	0.20	0.20

（7）阶段评价得分按式（3.3-5）计算：

$$E_k = \frac{\sum D_j}{n} \quad \text{式（3.3-5）}$$

式中　E_k——第 k 个阶段评价得分；

n——批次评价次数。

（8）自我评价单位工程评价得分按式（3.3-6）计算：

$$F = \sum E_k \xi_k \quad \text{式（3.3-6）}$$

式中　F——单位工程评价得分；

ξ_k——第 k 个评价阶段的权重系数，按表 3.3-6 的规定取值。

表 3.3-6　绿色建造评价阶段的权重系数

评价阶段	权重系数
绿色策划	0.15
绿色设计	0.30
绿色施工	0.45
绿色交付	0.10

(9) 绿色建造第三方评价计分符合下列条件：

① 过程评价和验收评价均按式（3.3-7）和式（3.3-8）计算，每次过程评价的得分计为 P_j，验收评价得分计为 R；

② 过程评价最终得分按式（3.3-7）进行计算：

$$Q=\frac{\sum P_j}{m} \quad \text{式（3.3-7）}$$

式中 Q——过程评价最终得分；

P_j——第 j 次过程评价得分；

m——过程评价次数。

③ 单位工程评价得分按式（3.3-8）计算：

$$F=Q\times\beta_1+R\times\beta_2 \quad \text{式（3.3-8）}$$

式中 R——验收评价得分；

β_1、β_2——过程评价、验收评价的权重系数，按表 3.3-7 的规定取值。

表 3.3-7 过程评价、验收评价的权重系数

第三方评价	权重系数
过程评价	0.60
验收评价	0.40

(10) 评价等级。

单位工程绿色建造评价等级判定标准符合下列条件。

① 有下列情况之一者为不合格：

a 控制项不满足要求；

b 单位工程评价得分低于 60 分；

c 优选项得分低于 25 分。

② 满足以下全部条件者为合格：

a 控制项全部满足要求；

b 单位工程评价得分不低于 60 分；

c 优选项得分不低于 25 分。

③ 满足以下全部条件者为良好：

a 控制项全部满足要求；

b 单位工程评价得分不低于 80 分；

c 优选项得分不低于 40 分。

④ 满足以下全部条件者为优秀：

a 控制项全部满足要求；

b 单位工程评价得分不低于 90 分；

c 优选项得分不低于 60 分。

⑤ 评价等级按照最高等级确定。

当单独进行绿色设计评价时，绿色设计评价等级判定标准符合下列条件。

① 有下列情况之一者为不合格：

a 控制项不满足要求；

b 绿色设计评价得分低于60分；

c 优选项得分低于25分。

② 满足以下全部条件者为合格：

a 控制项全部满足要求；

b 绿色设计评价得分不低于60分；

c 优选项得分不低于25分。

③ 满足以下全部条件者为良好：

a 控制项全部满足要求；

b 绿色设计评价得分不低于80分；

c 优选项得分不低于40分。

④ 满足以下全部条件者为优秀：

a 控制项全部满足要求；

b 绿色设计评价得分不低于90分；

c 优选项得分不低于60分。

⑤ 评价等级按照最高等级确定。

当单独进行绿色施工评价时，绿色施工评价等级判定标准应符合现行山东省工程建设标准《建筑与市政工程绿色施工评价标准》DB37/T 5087的有关规定。

第 4 章　绿色建造技术

4.1　分体式简易布料架施工技术

1. 适用范围

本技术适用于通过地泵进行混凝土浇筑施工，特别适用于一些造型独特、层高高、跨度大、布局复杂的建筑项目。

2. 技术内容

本技术首先根据图纸规划混凝土输送管的走向，确定中心架体的位置，搭设中心架体及制作支撑体系。中心架体采用钢管搭设而成，支撑体系采用钢管及角铁焊接成行架体系。每次浇筑砼之前，将中心架体和支撑架体直接布置在楼层内，然后铺设混凝土输送管。每次浇筑砼时，中心架体位置不变，通过人工推动支撑架体变换位置以及增减输送管的节数，从而扩大混凝土的浇筑范围。分体式简易布料架采用全钢结构组装而成，由中心架体和支撑架体两部分组成，为浇筑混凝土输送管提供支撑。布料架主体框架采用钢管组装而成，采用中心架体与支撑架体分体式设计，从而使简易布料架能够适用于多种情况（有塔机或无塔机）的混凝土浇筑；中心架体采用钢管扣件式连接，以确保布料架在使用过程中无须专业人员的介入即可完成组装，并且保证了施工效率。该分体式简易布料架示意图如图 4.1-1 所示。

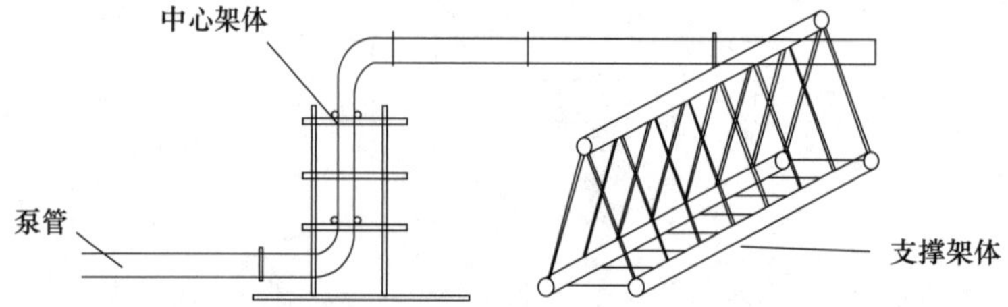

图 4.1-1　分体式简易布料架原理图

3. 技术效果

本技术解决了使用地泵进行混凝土浇筑时没有塔机的辅助、安拆泵管费时费力、浇筑过程施工效率低等问题。分体式简易布料架由中心架体和支撑架体两部分组成，采用中心架体与支撑架体分体式设计，通过人工推动变换位置，增减泵管调节浇筑半径。分体式简易布料架耐久性好，且能够适用于多种情况的混凝土浇筑施工，可反复使用。

4. 工程应用情况

本技术通过在奥体中心等多个工程的实践，施工效率得到很大提升，缩短工期进度，节约施工成本，安全性较好，推广性显著。

建筑施工地泵管支撑方式研究与应用，能够针对性地解决地泵施工作业支撑体系搭设效率低、成本高、周转使用率低的问题，使分体式简易布料架技术的优越性能够得到充分发挥，让施工更科学、节能、环保、经济；能够做到安全文明施工，响应国家绿色施工的号召，在施工质量方面得到广大业主的认可，取得了良好的社会与环保效益。同时该技术为项目创造了良好的工作环境，解决数量众多的地泵管支撑反复安拆问题，极大地减少成本费用，能够提升公司在建筑行业中的良好形象，在同行业内竖立新的标杆。该技术操作简单，节省周材，经济适用，工程质量良好，施工效率和安全文明施工得到有效提升，积极响应了国家节能减排、绿色环保的要求，取得了较好的社会效益。

4.2　BIM 技术在超高层商业综合体的三维管线综合施工技术

1. 适用范围

该技术适用于各种建筑机电安装工程中管线密集部位的管线调整及优化，尤其适用于造型复杂、功能需求高的大型工程效果更加明显，主要包括水管、桥架、风管等机电各专业管线应用。

2. 技术内容

在建筑安装工程管线分部分项工程施工前，将设计院提供的建筑、结构、水、暖、电、通风空调等各个专业的二维施工图纸，通过 BIM 三维建模软件转化为三维立体模型，然后将各个专业模型组合在一起，通过软件的碰撞检查功能，查找出管线之间相互交叉、相互影响的问题，然后将检查出来的问题进行更正、调整，确保各专业之间不存在“打架现象”。力求在相对有限的空间里使之更科学、合理、美观，并在满足使用功能的前提下，提升施工速度、质量、观感等方面的要求，并降低施工成本。利用 BIM 技术对管线进行二次综合排布，提前策划对碰撞冲突进行优化，避免施工过程中的频繁变更及返工现象，从而影响工期。

3. 技术效果

BIM 技术在超高层商业综合体的三维管线综合施工技术，更快、更省力、更精确、更直观形象，各工种配合得更好以及减少了图纸的出错风险，提高机电工程项目的精细化管理水平，降低技术人员二次深化图纸的劳动强度，其长远得到的好处已经超越了设计和施工阶段，惠及将来的建筑物的运作、维护和设施管理，并可持续地节省费用。

以往机电管线综合优化布置是在二维平面上进行的，更多依靠施工人员的空间想象能力，影响优化不确定的因素较多。本技术的应用，大幅度降低了施工人员的操作难度，降低了劳动强度，节约了人工费用，对后期施工的指导作用明显增强。本技术的应用，减少了商务算量人员，降低了项目材料工程量偏差。统一综合支吊架设计，减少了不必要的支吊架的使用，节约了成本，同时也降低了吊架的制作安装费用。采用 BIM 技术进行管线优化调整，管线更加直观，参与人员更易进行优化，布置更合理，在保证路由的情况下最大限度地减少了桥架的使用量和管线的翻弯，避免了材料的浪费。BIM 技术自应用以来，在多个项目中，发现碰撞问题 1206 个，管道用料累计减少 45m、翻弯减少 154 个、管道弯头累计减少 278 个，通过统计节省经济效益约 45 万元。本技术能减少返工损失，还能减少事故隐患，提高了施工质量和生产效率，保证施工工期，提高了企业的经济效益。

4. 工程应用情况

复地济南国际金融中心A1地块项目位于济南市历下区CBD范围，横八路以北，纵四路以西，茂岭二号路以东，横七路以南。建筑面积为23.81万m^2，占地面积2.82万m^2，开工日期为2020年11月20日。采用了BIM技术在超高层商业综合体的三维管线综合施工工法，将建筑物中管线集中部位的通风空调风管、空调水管、给排水及消防水管、强弱电桥架等所有占据顶部空间的大型管线进行了合理的布局，最大限度地合理协调各机电安装、建筑、结构、装修专业之间的问题，满足甲方、监理、设计等相关方的各项要求，缩短了工期，获得了安装工程方面良好的经济效益和社会效益。

4.3 超高层异形大悬挑结构整体式附着升降脚手架格构柱辅助爬升施工技术

1. 适用范围

本技术适用于异形大悬挑、空中花园、两层通高或因层高较大导致主体结构无法作为爬架附着支承点的楼层位置。

2. 技术内容

超高层大悬挑结构附着升降脚手架格构柱辅助爬升施工技术，是由特制格构柱通过连墙杆与主体结构进行连接，架体机位在格构柱上附着爬升的方式，实现异形大悬挑、空中花园、两层通高等位置的爬架提升，能够缩短工期，节约成本，经济效益显著。

3. 技术效果

本技术解决了爬架在空中花园等特殊层高处无法爬升的问题，相较传统施工方式节约工期24天，具有良好的社会效益，同时能为类似工程的施工提供借鉴。

若爬架无法爬升，需投入大量钢管、16# 工字钢、安全网等材料。采用此技术节约了大量的材料。

4. 工程应用情况

技术成功应用于大数据产业基地建设工程项目，在异形大悬挑、空中花园、两层通高等位置，爬架附着支承处无主体结构，附着无法按规范和受力要求设置，进而导致爬架无法爬升。本技术利用特制格构柱＋连墙杆辅助爬架爬升，解决了爬架在异形大悬挑、空中花园、两层通高或因层高较大处无法爬升的问题，操作简单、安全可靠，节约了工期、施工材料和劳动力，取得了很好的经济和社会效益。

济南华泉万象天地A1地块工程位于济南市历下区茂岭山二号路以东，新深大街以北，总建筑面积20.27万m^2，地上14.77万m^2，地下6.1万m^2，其中T1楼为超高层商务办公钢框架核心筒结构，地上53层，地下4层，高度共计245.7m；结构安全等级为二级，建筑抗设防烈度为7级建筑设计，使用年限为50年。通过应用本技术，解决了爬架在空中大堂等特殊层高处无法爬升的问题，操作简单、安全可靠，节约了工期、施工材料和劳动力，取得了很好的经济和社会效益。

4.4　大跨度巨型圆环装配式钢结构关键技术

1. 适用范围

本技术适用于大跨度巨型圆环的装配式钢结构工程。

2. 技术内容

在大跨度巨型圆环装配钢结构工程的详图设计阶段，通过有 TEKLA 有限元软件建模，研究了在外力环境下的钢结构疲劳破坏。这种疲劳破坏常发生在低应力应变条件下，对结构件的破坏识别度不高，因此这种破坏模式也极具隐蔽性。本次工程通过对圆台肩形钢结构试件的高周疲劳试验，采用数值计算方法，使用耦合疲劳损伤的本构方程，建立试件模型，并优化了结构疲劳损伤的设计方法，对本工程以及整个装配式钢结构的发展做出贡献。为使计算更加准确，且减少计算量，选取圆台肩形钢结构试件的八分之一对称模型，且危险截面处于变截面交界处。在网格化过程中，应用从 poor 到 very good 多精度网格运算，使模型通过收敛测试。

研发装配式钢结构新型搬运装置，该搬运装置沿连接头转动调节杆，通过压板便于固定钢结构，从而提高搬运时的稳定性。通过挡板表面设有的滑孔与压板表面设有的滑杆相配合，从而提高压板调节时的稳定性，提升施工人员的操作效率。通过沿阻尼转轴转动杆带动安装板转动，从而便于根据需求调节把手的角度，降低了因搬运过程中掉件、滑落造成的施工风险。通过固定件便于锁定阻尼转轴转动，提高把手使用时的稳定性。

新型钢柱快速对接装置、新型工型梁快速吊装夹具结构简单、取材方便、制作成本低廉，使用便捷快速，安全可靠，可推广使用。

研发一种新型钢结构表面防护用除锈、喷漆一体化设备，研发过程中，通过实践检验与数据分析方法，研究了国内现有的主流金属防腐蚀和喷漆工艺，在高压空气喷漆法基础上开发变孔径、变速喷口结构，并给出喷枪孔径分为 200～300mm 和 150～250mm、喷枪射流速度控制在 30～60cm/s 之间的取值范围。

3. 技术效果

针对项目重难点开展了大跨度巨型圆环装配式钢结构施工技术研究，并将研究成果应用到施工过程中，缩短工期 125 天左右、经济效益共计约 1155.5 万元，既解决了工程的难题，又缩短了工期，降低了造价，发挥巨大社会效益的同时也产生了显著的经济效益，确保了工程安全、质量、进度、环境以及社会效益最大化，保证了项目建造的顺利进行。

相较于传统钢筋混凝土结构，钢结构具有强度高、自重轻、抗震性能好、工业化程度高、施工周期短及环境污染少等特点，是一种节能环保、能循环使用的绿色建筑结构，符合国家大力发展节能省地型建筑、建设资源节约型社会的长期政策导向，环形建筑装配式钢结构施工技术成果有着广泛的推广价值和应用前景。

进行装配式钢结构施工技术分析，达到节能、节地、节水、节材、环保等要求，装配式钢结构工业化程度高，施工周期短、现场用工少、劳动生产率高，而且品质易保证；施工占地少，可干式施工，节约用水，产生的噪声小、粉尘少；钢材可回收利用，减少建筑垃圾和环境污染；不断研究和发展装配式钢结构技术可以有效增强企业品牌效应，提高企业核心竞争力。

4. 工程应用情况

本技术的研究成果以山东省大数据产业基地建设项目施工总承包一标段为载体进行研究应用。成果不仅在本研究载体上得到了应用，而且还成功应用到了复地济南国际金融中心 A1 地块、中央商务区 A2 地块等项目之中，成功解决了工程技术难题，显著缩短了工期、降低建设成本，实现了社会效益与经济效益的有机统一。通过科学统筹安全管控、质量保障、进度优化及环境协调，达成了工程综合效益最大化目标，有力推动了项目的顺利实施。成果对于我国部分地区的装配式钢结构建设，具有非常重要的指导作用，具有广阔的应用前景。

4.5 圆管柱自密实混凝土导管法施工技术

1. 适用范围

本技术适用于钢框架结构中圆管柱混凝土施工。适用于管径大于 350mm，钢管自密实混凝土结构的混凝土浇筑倾落高度不宜大于 9m，当不能满足规定时，应加设串筒、溜槽、溜管等辅助装置进行浇筑。

2. 技术内容

导管法施工的自密实混凝土的配合比应满足拌合物施工性能的要求。因此，与相同强度等级的普通自密实混凝土相比，它具有较大的浆骨比，砂率较大，细掺料用量多。为了保证耐水性，水胶比宜小于 0.45，胶凝材料用量宜控制在 400～500kg/m^3。自密实混凝土导管法施工的工艺原理是采用合理的配合比，使自密实混凝土拌合物具有很高的流动性，在导管中降落时不离析、不泌水，不经振捣或少振捣而利用浇筑过程中在导管中从高处下落由重力势能转换而成的动能使混凝土从导管底部流出，并压着钢管内的混凝土向上移动。

3. 技术效果

通过对圆管柱自密实混凝土导管法施工，可以加快施工进度，降低噪声污染，有利于安全文明施工现场创建和管理，施工便捷，易于操作，可有效改善建筑工人的作业环境，减轻劳动强度，降低对操作工作的技能要求。施工工期缩短，减少人工、机械设备、周转材料租赁等费用支出。

本施工技术施工难度降低，工人容易上手，便于操作。加大了对质量的把控。工艺流程简洁明了，易操作，技术质量可靠，能够满足现代公共建筑业日益发展对工期、质量、混凝土观感的需求，在工程实际施工中积累了丰富的经验，将对以后类似工程的施工起到很好的借鉴作用。

4. 工程应用情况

该施工技术应用于山东省大数据产业基地项目施工总承包一标段及复地济南国际金融中心 A1 地块项目、复地济南国际金融中心 A1 地块项目，在项目上取得了良好的应用效果。

山东省大数据产业基地项目是山东省级重点项目，集商业、办公、餐饮、会议和交通等多种功能于一体，是服务高新区的多功能、高效率的高档区域生态综合体。项目位于济南市高新区崇华路以东、新泺大街以北、舜华路以西，项目共4个单体工程，分别为A# 楼、C# 楼、H# 楼、车库地下室附属工程，总建筑面积21.9167万m^2。

复地济南国际金融中心A1地块项目位于新烁大街以南茂岭二号路以东，纵四路以西，横八路以北。该工程1# 塔楼结构造型复杂，钢柱采用圆管柱共4200t，钢梁采用热轧H型钢梁、焊接H型钢梁、箱型钢梁，共6900t，桁架采用空腹桁架、斜腹杆桁架，共600t，楼板采用钢筋桁架楼承板，共85469m^2。

4.6　AAC空腔聚氨酯保温外墙技术

1. 适用范围

本技术可适用于被动式超低能耗建筑施工，具有较大的推广价值。通过被动式技术手段，发挥建筑保温、环保建材等产品优势，最大幅度地降低建筑供暖、供冷需求，具备良好的经济效益与社会效益。

2. 技术内容

1）技术原理

保温材料使用PIR聚氨酯，相较于常规PUR聚氨酯具有更好的尺寸稳定性，更低的热分解率，更高的机械强度。

外墙双侧应用AAC板墙形成空腔，充分发挥聚氨酯导热系数低，与板墙粘接性好的特点。采用灌注型低密度PIR聚氨酯保温材料对空腔进行灌注，双侧板墙作为防火保护层，实现了保温结构一体化，保证了建筑内部的热舒适性，冬暖夏凉，并极大地降低了围护结构的热损失，从而降低建筑的供热、供冷需求。

2）工艺流程及操作要点

（1）工艺流程：施工准备→AAC外页墙施工→AAC内页墙施工→内页墙打孔→清扫、侧面封堵→灌注聚氨酯发泡。

（2）操作要点：

① AAC外页、内页墙施工。

内外页AAC墙板安装工序一致，为保证墙体空腔完整性，外围护墙体安装时，先进行外页墙施工，再进行内页墙施工。

② 内页墙打孔。

测量布点：AAC内页墙板由地面向上30cm画钻孔点位，钻孔点呈梅花状布置，钻孔点横向、竖向间距均为30cm。

③ 侧面封堵：为保证发泡过程中内外页墙体不发生变形，墙体使用专用卡扣进行加固，空腔侧面采用与聚氨酯发泡性能相同的聚氨酯板材进行封堵，用聚氨酯发泡剂进行缝隙填充，封堵加固完成后进行聚氨酯发泡灌注施工。

④ 灌注聚氨酯发泡如图4.6-1所示：聚氨酯材料的拌合采用一步法，“白料”（聚醚多元醇、催化剂、泡沫稳定剂、发泡剂等混合料）使用时与MDI（俗称“黑料”）以1∶1.5的比例进行混合。遵循“由下至上，由框架至自由端”的灌注原则；将聚氨脂保温喷枪插入注浆孔，枪头进入空腔中间，约6cm，确保空腔内聚氨酯厚度均匀，避免流

挂现象发生；灌注时，枪头进入空腔中间的时间为 5～8s，对枪头进行一定的旋转，保证混合料喷满整个区域；灌注完 24h 后，采用专用封堵砂浆对注浆孔进行封堵。

图 4.6-1　AAC 墙空腔聚氨酯发泡

3. 技术效果

通过被动式技术手段，发挥建筑保温、环保建材等产品优势，最大限度地降低建筑供暖、供冷需求，减少一次能源使用量，降低二氧化碳排放，具备良好的经济效益与社会效益。

（1）经济效益：与传统施工工艺相比，本技术的运用，有效保障了工程质量和施工安全，避免出现返工现象和安全事故；大大提高了施工效率，加快了施工进度，有效节约工期，合计节约造价 168.73 万元。节约的项目费用见表 4.6-1。

表 4.6-1　项目费用

项目名称	单位	工程量	单价	费用
节约自密实混凝土（人工费）	m^2	2294.52	45	103253.4
节约模板加固费用	m^2	19121	60	1147260
节约租赁费用	天	15	10000	150000
节约钢丝网片保温板安装	m^2	19121	15	286815
万华烟台工业园职工宿舍及配套设施项目节约费用总计 168.73 万元				

（2）社会效益：万华烟台工业园职工宿舍及配套设施项目于 2023 年 11 月 15 日通过烟台市超低能耗试点工程中期验收，自建设以来多次迎接住建部、山东省住建厅、烟台市政府有关领导观摩指导。所使用的多项技术具备极高的推广价值，受到新闻媒体多次报道，多次迎接业内专家的交流指导，在推广"超低能耗建筑技术"方面起到了积极作用。

4. 工程应用情况

万华烟台工业园职工宿舍及配套设施项目位于烟台市开发区昆仑山路以东、天山路以西、珠江路以北、开发区第十二小学及文苑小区以南。项目作为烟台市首批超低能耗试点工程，建筑外墙采用 AAC 空腔聚氨酯保温外墙技术，双侧板墙作为防火保护层，实现了保温结构一体化，外墙传热系数达到 0.22W/（m^2·K）。超低能耗外墙总体面积约 19000m^2，通过使用 AAC 空腔聚氨酯保温外墙施工技术，有效保障了工程质量和施工安全。

4.7　硬泡聚氨酯发泡地面技术

1. 适用范围

本技术可适用于所有房屋建筑地面施工，具有较大的推广价值。通过使用高性能保温材料，能够起到良好的保温效果及静音隔震作用，改善室内居住环境。与传统施工工艺相比，本技术的运用，有效保障了工程质量和施工安全，避免出现返工现象和安全事故；大大提高了施工效率，加快了施工进度，有效节约工期。

2. 技术内容

1）技术原理

保温材料使用PIR聚氨酯，相较于常规PUR聚氨酯具有更好的尺寸稳定性，更低的热分解率，更高的机械强度。

聚氨酯发泡楼面保温，由30厚喷涂硬泡聚氨酯保温层、丙烯酸乳液界面剂、30厚1：3干硬性水泥砂浆含钢丝网和瓷砖组成，该保温体系应用于超低能耗建筑楼面保温系统。

2）工艺流程及操作要点

（1）工艺介绍。

地面管线完成后，喷涂氰凝界面剂，硬化后喷涂低密硬泡聚氨酯保温层，聚氨酯稳定熟化1d后，喷涂一层丙烯酸乳液界面剂，铺上钢丝网2mm×50mm×50mm，摊铺30厚1：3干硬性水泥砂浆，铺贴瓷砖。如图4.7-1所示。

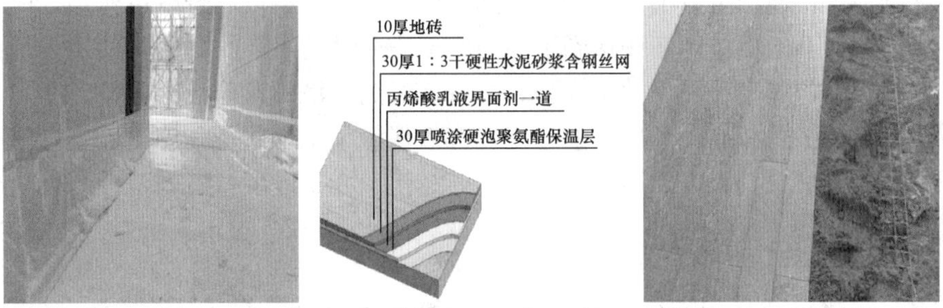

图4.7-1　聚氨酯楼面体系

（2）材料。

保温材料为聚氨酯，导热系数降到0.024W/（m·K），黑白料配比1.5：1，密度45kg/m^3，聚氨酯发泡自带粘结性，与氰凝界面剂共同使用，喷涂后直接附着于基层。

（3）工艺。

① 摒弃传统混凝土浇筑工艺，铺贴面层前，全部采用喷涂工艺；

② 聚氨酯发泡的可塑性高，对于边角不易铺贴的地方直接喷涂，相较于传统保温板，聚氨酯发泡不需修剪，更方便施工；

③ 聚氨酯发泡的整体性高，一次喷涂、一体成型；

④ 聚氨酯保温层上增设一道水泥丙烯酸乳液界面剂，增加干硬性砂浆与聚氨酯保温层的结合性；

⑤ 干硬性砂浆中增设一道钢丝网片，增加了地面整体性。

3. 技术效果

通过被动式技术手段，发挥建筑保温等产品优势，最大幅度地降低建筑供暖供冷需求，减少一次能源使用量，降低二氧化碳排放，具备良好的经济效益与社会效益，营造了良好舒适的居住环境。

（1）经济效益：与传统施工工艺相比，本技术的运用，有效保障了工程质量和施工安全，避免出现返工现象和安全事故；大大提高了施工效率，加快了施工进度，有效节约工期。

（2）社会效益：万华烟台工业园职工宿舍及配套设施项目于 2023 年 11 月 15 日通过烟台市超低能耗试点工程中期验收。自建设以来先后接待住建部、山东省住建厅及烟台市政府领导的多轮观摩指导，其采用的创新技术体系因具有重要推广价值，获得了新闻媒体持续聚焦报道，吸引行业专家开展系列技术交流，对超低能耗建筑技术的示范推广形成了显著的辐射带动效应。

4. 工程应用情况

万华烟台工业园职工宿舍及配套设施项目位于烟台市开发区昆仑山路以东、天山路以西、珠江路以北、开发区第十二小学及文苑小区以南。用地面积 11.2 万 m^2，总建筑面积约 18 万 m^2，计划总投资 18 亿元，共计 12 个单体和两个门卫室，包含 1# 、2# 专家公寓，食堂、体育馆、学术报告厅、1# -7# 员工宿舍。项目作为烟台市首批超低能耗试点工程，地面喷涂低密高压缩强度聚氨酯，密度为 $45kg/m^3$，压缩强度达到 250kPa，保温系数达到 $0.024W/(m^2 \cdot K)$，喷涂厚度 3cm，施工时采用 1∶1.5 变比压缩设备进行施工，地面聚氨酯发泡能够起到良好的保温效果及静音隔震作用，改善室内居住环境。聚氨酯地面应用面积达到了 $30000m^2$，通过近一年的非常规使用，地面施工质量良好，保温、隔音、隔震效果优异，具备良好的经济效益与社会效益。

与传统施工工艺相比，本技术的运用，有效保障了工程质量和施工安全，避免出现返工现象和安全事故；大大提高了施工效率，加快了施工进度，有效节约工期，合计节约造价 19.2 万元。

4.8 寒冷地区超低能耗建筑外围护系统气密性控制施工技术

1. 适用范围

本技术适用于寒冷地区超低能耗建筑、近零能耗建筑及其他对气密性有较高要求建筑的外围护系统的气密性控制施工。

2. 技术内容

（1）被动式外门窗的外挂式安装及气密控制技术。被动式外窗采用外挂式安装方法，即外窗内表面与外墙外表面基本齐平的方式，使外窗与外保温连续性更优。但外窗与窗洞口存在空隙缝隙，为解决这一问题，本技术一方面在门/窗框与内侧门/窗洞口使用室内防水隔汽膜；另一方面使用室外防水透汽膜将防腐木、膨胀螺栓及角码等固定件，确保全部覆盖严密，从而保证门窗的整体严密性。此外，本技术还通过与外窗安装工序的衔接，来控制气密性。如图 4.8-1 所示。

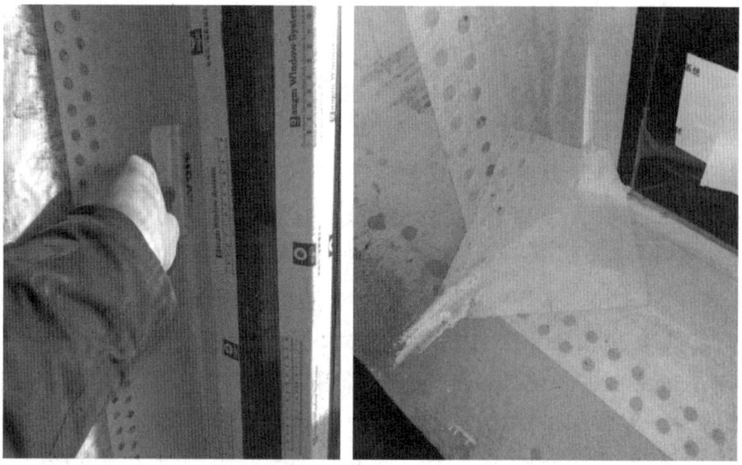

图 4.8-1　室内防水隔汽膜与窗洞粘贴，角部贴膜应额外增加一道“菱形”防水隔汽膜加强层

（2）特种高分子防水隔汽膜、防水透汽膜综合应用技术。以特种高分子防水隔汽膜、防水透汽膜为主要气密材料，硅酮密封胶、预压膨胀密封带为辅助材料，用于管道穿屋面、管道穿外墙、脚手架穿砌体墙等各种气密薄弱部位，完整封实各种室内外空气可能的对流路径。防水透汽膜、隔汽膜属于特种高分子复合材料和胶粘制品，基础属性包括一定的机械强度、自剥离强度、耐高温、耐老化性等，同时在防风、防水、透/隔湿、可抹灰等方面具有显著优势。如图 4.8-2 所示。

图 4.8-2　穿外墙排水管道隔汽膜、透汽膜铺贴

3. 技术效果

本技术通过防水隔汽膜、防水透汽膜、预压膨胀密封带、硅酮密封胶等气密性材料，对门窗、管道穿外墙、管道穿屋面等气密薄弱环节重点处理，使外围护系统形成完整连续的气密层，对提高建筑能效，减少建筑通过围护结构缝隙散失的冷热量；避免因潮气入侵，凝结在建筑构件上产生发霉结露，损坏建筑构件；提高保温隔热的效果，减少“穿堂风”，显著提高建筑隔音效果；提升室内空气质量，提高居住舒适度和质量。

本技术充分响应国家“双碳战略”，紧跟绿色施工、低碳低能耗建筑趋势，为寒冷地区超低能耗建筑气密性控制施工提供良好的参考借鉴。

4. 工程应用情况

中德未来城康养项目位于山东省青岛市黄岛区，本项目总占地面积 19553.33m²，规划总建筑面积 30983.14m²。其中 1# 、2# 楼需取得德国 PHI 认证，并且外墙保温系统为导热系数 0.035W/（m^2·K）的高性能材料，外门窗系统的导热系数≤0.80W/（m^2·K），新风系统采用全热交换效率为 75%，全热回收新风机组，建筑整体气密性要求高。中德未来城康养项目 1#、2# 楼通过本技术的运用使得建筑能耗降低、能效提升、避免潮气入侵和发霉结露，投入使用预计降低能耗 69600kW·h/年，节约标煤 8.56cte，减少碳排放（按火力发电计）6.03t/年；经济价值方面，每年仅电费可节约 45240 元。在节能减碳、降低建筑物运营成本方面具有显著优势，赢得了业主和行业广泛好评。

株洲路片区 LS0803-010 地块一期（蓝天航空科技产业园）项目位于山东省青岛市崂山区，建筑高度 47.7m，地下 2 层，地上 10 层。总建筑面积 24808.5m^2，地下建筑面积 7789.5m^2，地上建筑面积 17019m^2。结构形式为混凝土框架结构，建筑平面呈“回”字形，外立面含有竖明横隐玻璃幕墙、明框玻璃幕墙、铝板幕墙等，同时在低层区域有外挂式外窗。设计使用用途为办公建筑＋高层生产厂房，大部分区域对气密性要求较高，本工程有较多管道穿围护系统、脚手架砌体墙等气密薄弱部位。通过本技术中特种高分子防水透汽膜与隔汽膜综合应用技术等气密性控制技术的应用，妥善解决了管道穿外墙、排气道穿屋面、脚手架孔洞等薄弱部位气密性控制问题，形成能包绕整个建筑采暖体积的、连续完整的气密层，从而满足了施工要求，赢得了社会各界的好评。

4.9 便捷式环保钢筋笼加工焊烟收集净化棚技术

1. 应用范围

本技术主要应用于支护桩工程或桩基工程钢筋笼的焊接加工过程，尤其适用于焊接作业对周围环境影响较大的区域。

2. 技术内容

通过设置太阳能板来吸收太阳能，并将其传输至太阳能转换器内。接着，通过太阳能转换器将太阳能转化为电能，并存入蓄电池内。然后，通过操作控制开关，使得蓄电池对照明灯进行供电，这种方式在很大程度上对光能进行了有效利用，环保性高。此外，还可以通过操作控制开关，让电动滑轨上的遮板进行平移。

另外，通过太阳能板储蓄的电力，能够为钢筋加工棚内的净化器提供动力，使其正常运转，从而确保钢筋加工棚内的焊烟能够被收集并净化。

工人在钢筋加工棚内焊接钢筋笼时，所产生的焊烟通过钢筋加工平台上方的焊烟收集口进行收集，统一收集到钢筋加工棚两侧的焊烟净化器内，由焊烟净化器统一净化后进行排放。

由于钢筋笼焊烟收集净化施工方法属于新型工艺，由多种装置组合而成，工人在施工过程中对各项装置的安全使用及正常运转是控制的重点。工人在焊接钢筋笼之前，首先检查钢筋加工棚四周是否正常，钢筋焊烟净化器运转是否正常，焊烟收集管是否正常，太阳能板是否运行正常，蓄电池内电量是否充足，以确保施工安全。施工过程中加强对焊烟收集净化装置、太阳能电池板、太阳能转化装置等设备的成品保护。

3. 技术效果

（1）缩短工期：工人在采用便捷式环保加工烟集净化施工工法后，钢笼加工时间由原来的 2.3h/根，降低到了现在的 1.5h/根，每日钢筋笼产出增加了 30 根，工期提前了

15 天。同时，项目在接受环保、扬尘检查时均符合要求，避免了停工整改的风险，这在一定程度上相当于提高了工期。综合来看，工期提前了 20 天。

（2）社会效益：在采用便捷式环保钢筋笼加工焊烟收集净化施工工法后，加快了项目钢筋笼加工进度，减少了焊烟排放，降低了施工成本。得到了监理、业主的一致认可。同时，便捷式环保钢筋笼加工焊烟收集净化施工工法在同类型的工程项目中得到了推广和应用。

（3）经济效益：在采用便捷式环保钢筋笼加工焊烟收集净化施工工法后，项目基施工工期缩短了 20 天。按照现场桩基施工工人约 130 人进行计算，平均每个工人的工资是 350 元/天，那么减少的人工投入费用为 350×130×20＝910000 元＝91 万元。减少 10 台运输车使用 1 个月的租赁费，每台运输车月租赁费用为 4.5 万元，其机械租赁费用为 4.5×10×1＝45 万元。减少 2 台汽车吊使用 1 个月的租赁费，每台汽车吊日租赁费为 230 元，其机械租赁费用为 0.3×230×2×1＝138 元（此处按照一个月 30 天计算），约为 18 万元。综合效益约为 91＋45＋18＝154 万元。

4. 工程应用情况

在济宁公共卫生中医医疗中心项目施工管理过程中，由于较好地控制了钢筋笼焊接施工与焊烟收集净化之间的平衡关系，工人可在不影响钢筋笼焊接的同时进行焊烟收集，在钢焊烟排放量满足环保要求的情况下缩短了 20 天工期，满足了设计要求和使用要求，并取得了较好的技术效益、经济效益和社会效益。由于环保管控越来越严格，扬尘治理压力逐渐增大，钢筋焊烟排放一直是工程环保治理的重要环节，本工法在于解决钢筋焊烟净化与钢筋加工进度之间的冲突问题，应用此工法既可以满足现场钢筋焊接进度又可以满足环保要求，应用范围广泛。

第 5 章　万华烟台工业园职工宿舍及配套设施项目

5.1　工程概况

项目位于烟台市开发区昆仑山路以东、天山路以西、珠江路以北、开发区第十二小学及文苑小区以南，用地面积 11.2 万 m^2，总建筑面积约 18 万 m^2，计划总投资 18 亿元，共计 12 个单体。工程效果如图 5.1-1 所示。开工日期为 2021 年 10 月 30 日，竣工日期为 2023 年 11 月 30 日。施工用水来源为自来水及地下水，通过预埋管线引入施工现场，可满足施工、消防和办公用水需求。施工现场设置一台 1000KVA 的临时变压器，施工用电可以满足施工高峰期生产、办公用电需求。主体为框架结构，基础形式为独立基础加筏板，基坑深度 6.2～8.1m，是在建最大的超低能耗群体建筑。自建设以来，始终以“超低能耗建筑”为目标，采用了基础筏板下地源热泵施工、空腔聚氨酯发泡保温外墙、楼板聚氨酯发泡、聚氨酯-聚脲保温防水屋面、光伏发电、体育馆发电玻璃、被动式超低能耗玻璃幕墙等多项被动式节能技术和可再生能源利用技术。在项目实施阶段按照山东省绿色建造相关指标，实现从策划到交付全阶段管理。

图 5.1-1　工程效果图

5.2　绿色策划

（1）为保证项目部开展绿色建造管理工作，确保本工程能够成功创建山东省绿色建造示范工程，烟建集团与同圆设计共同组建了绿色建造指导小组，如图 5.2-1 所示。该小组的主要职责包括编制本公司的绿色建造指导文件，针对绿色建造实施项目中的各种技术问题提供指导，并不定时地对绿色建造实施项目进行抽查监督。同时，项目部与设计相关部门成立了实施小组，其任务是对项目绿色建造方案进行优化，并开发绿色建造新技术。

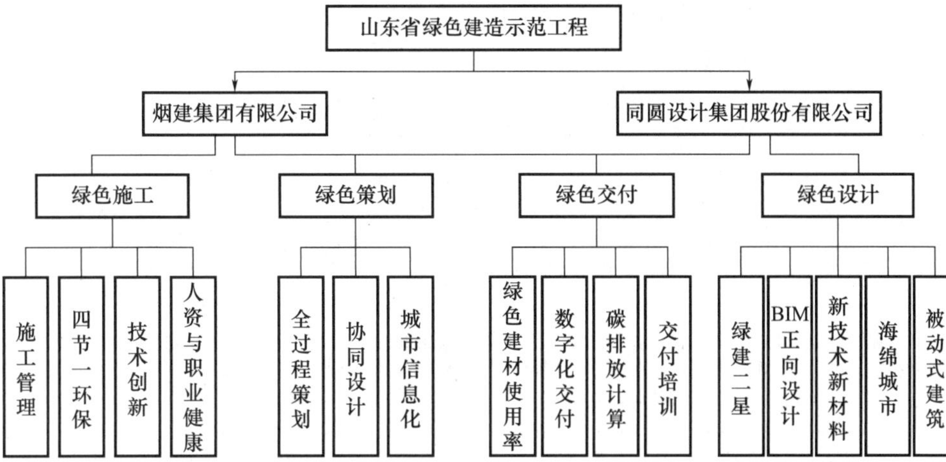

图 5.2-1　绿色建造指导小组及工作安排

（2）各方共同参与编制绿色建造总体方案，如图 5.2-2 所示，根据总体方案的要求，针对相关建设要点进行研讨，并向各单位进行方案实施的交底工作。

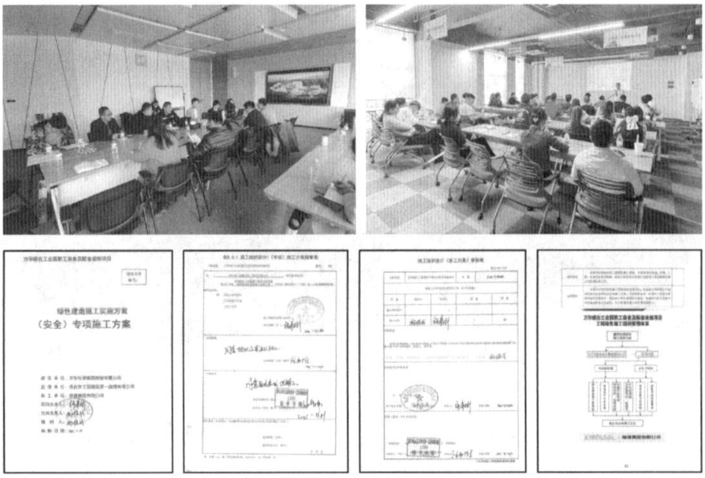

图 5.2-2　绿色策划方案

（3）利用 BIM 三维场布功能，对办公区进行整体策划，满足防火间距、安全包围、不在塔吊覆盖范围内等安全规范要求，如图 5.2-3 所示。

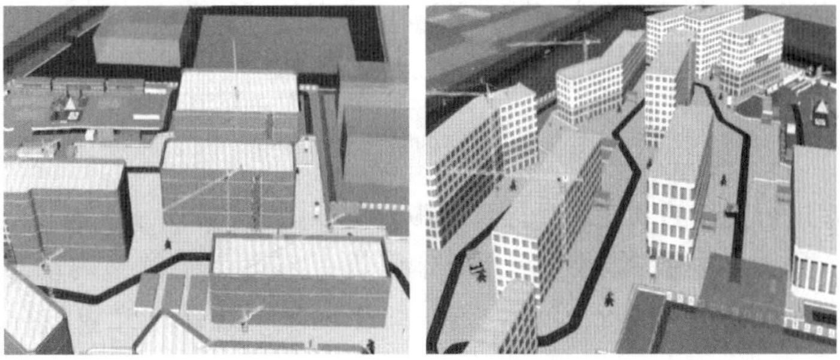

图 5.2-3　场区布置策划

（4）根据评价指标，基础项已全部完成。评分项共计 4 项，其中有 1 项不适用，完成了 3 项，具体情况见表 5.2-1。

表 5.2-1　绿色策划评分项实施情况

评价指标			完成情况
评分项	1	建立涵盖设计、生产、施工等不同阶段的协同设计机制，提出全过程、全专业、各参与方之间的一体化协同设计要求，实现工程全寿命期系统化集成设计	设计院、施工单位、聚氨酯保温厂家和聚氨酯门窗厂家反复沟通确定实施方案，由建设单位邀请各界专家把关
	2	制定推进 BIM 与项目、企业管理信息系统集成应用的措施，推动 BIM 与城市信息模型（CIM）平台以及建筑产业互联网的融通联动方案的实施	应用 BIM 设计与性能模拟，BIM 模型施工应用、智慧工地，将 BIM 模型接入市平台实现融通联动
	3	按照城市信息化建设要求和运营维护需求，制定数字化交付标准和方案	协同建设单位、设计单位制定数字交付标准和方案

5.3　绿色设计

（1）对室内展开自然通风模拟工作如图 5.3-1 所示，通过模拟结果可以看出，在自然通风的状况下，室内气流组织状况良好，没有出现死角区域。

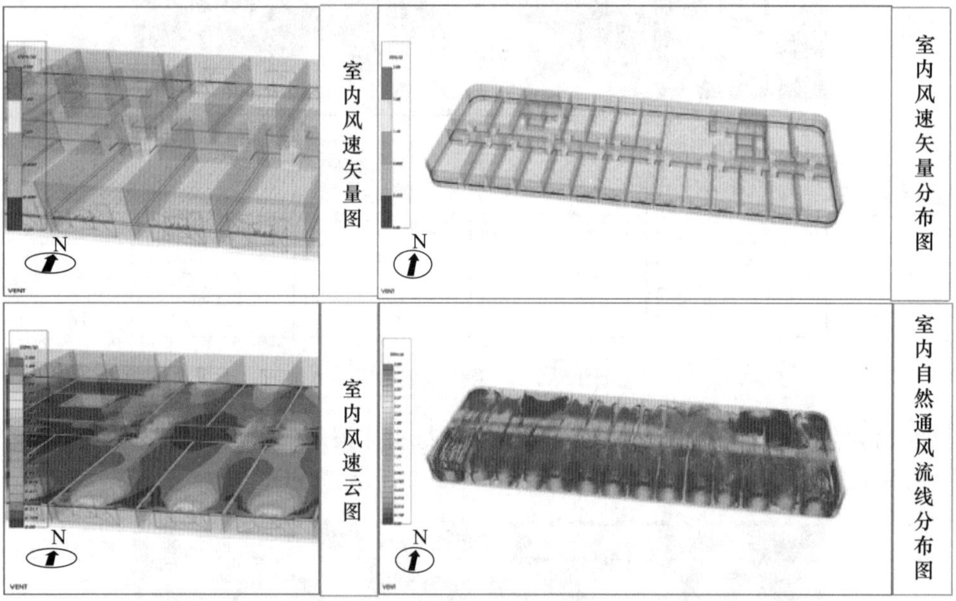

图 5.3-1　室内自然通风模拟

（2）对建筑进行全年的动态采光计算模拟分析如图 5.3-2 所示，可得到建筑室内采光照度值的分布情况。通过模拟结果可看出，本建筑有 60％以上的室内动态采光照度值不低于 300lx 的小时数平均不少于 8h/d，这一结果满足《建筑采光设计标准》GB 50033 的要求。

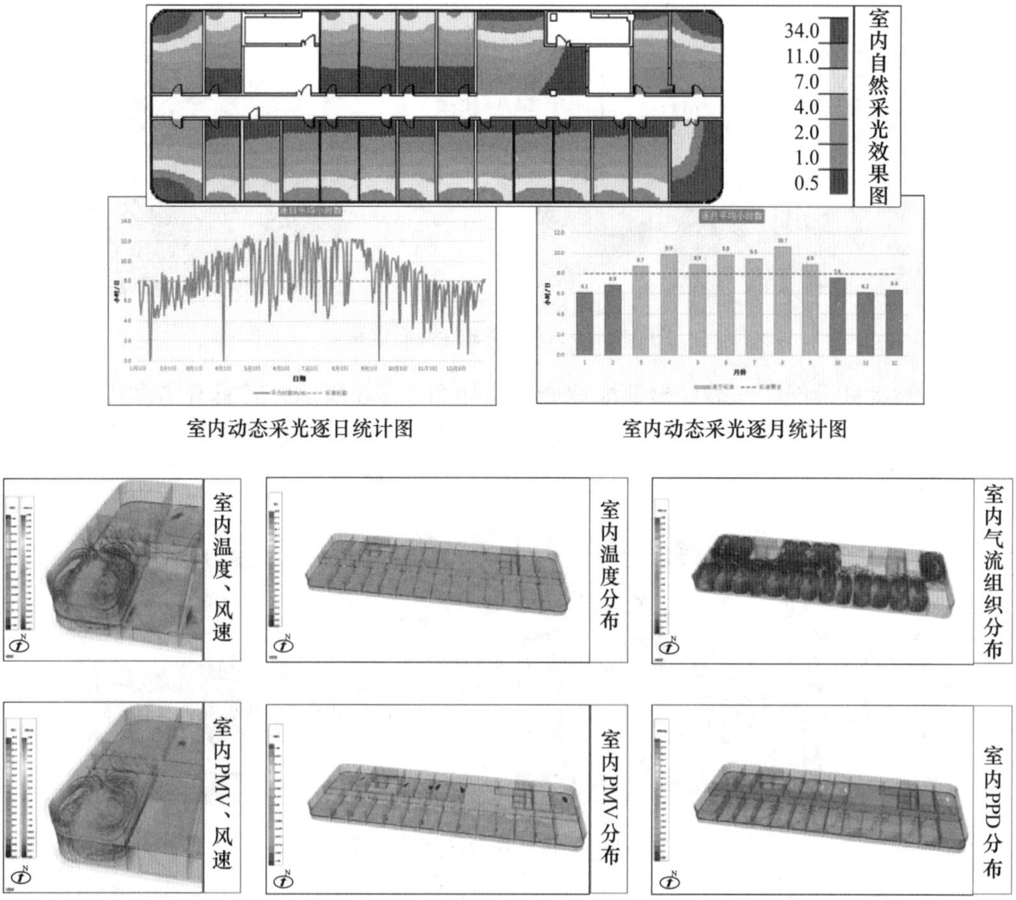

图 5.3-2 全年动态采光计算模拟分析

(3) 采用被动式节能——AAC 板空腔聚氨酯发泡保温外墙体系如图 5.3-3 所示。借助被动式技术手段，充分发挥建筑保温、环保建材等产品优势，最大幅度降低建筑供暖与供冷需求，减少一次能源使用量，降低二氧化碳排放，具备良好的经济效益与社会效益。

图 5.3-3 AAC 墙空腔聚氨酯发泡

(4) 被动式节能——聚氨酯楼面体系如图 5.3-4 所示。通过使用高性能保温材料，能够起到良好的保温效果及静音隔震作用，从而改善室内居住环境。与传统施工工艺相比，本技术的运用有效保障了工程质量和施工安全，避免出现返工现象和安全事故；大幅提高了施工效率，加快了施工进度，有效节约工期。

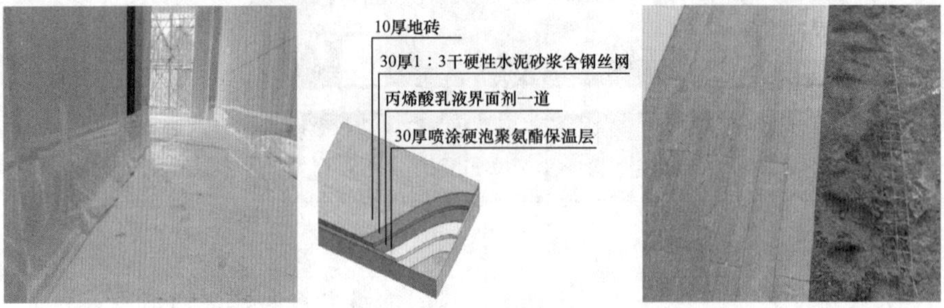

图 5.3-4　AAC 聚氨酯楼面体系

（5）被动式节能——玻纤聚氨酯玻璃幕墙如图 5.3-5 所示。其具有诸多优点：力学强度高、模量高，韧性好；生产效率高，生产过程低碳环保；防火性好，耐火性能能达甲级标准（1.5h）；保温隔热性能良好；耐化学腐蚀性好等。

图 5.3-5　玻纤聚氨酯玻璃幕墙

（6）采用地源热泵、太阳能、光伏发电、发电玻璃等技术见表 5.3-1 及图 5.3-6、图 5.3-7。

表 5.3-1　项目措施

分项	项目措施
地源热泵	园区冷热源为地源热泵，机组制冷性能系数 COP 为 7.12
太阳能	采用集中式生活热水，由太阳能＋地源热泵联合供给
光伏发电	屋顶满铺光伏板，装机容量 727kW
发电玻璃	体育馆屋面碲化镉发电玻璃，装机容量 399.84kW

图 5.3-6　太阳能发电

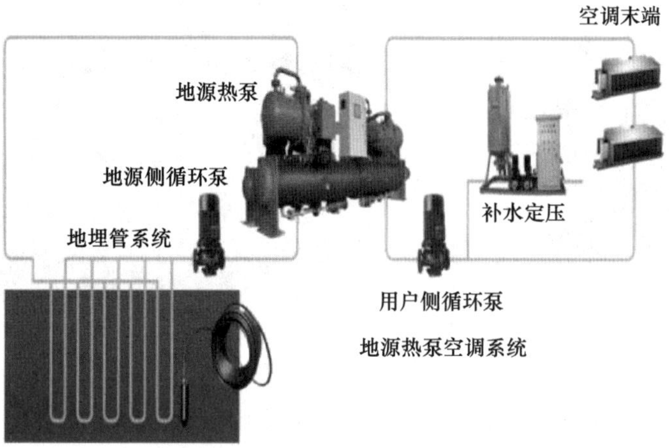

图 5.3-7　地源热泵

5.4　绿色施工

1. 施工管理

（1）为确保绿色施工顺利实施，我们成立了绿色施工组织机构，建立了集团指导小组、项目实施小组的管理体系，明确各个小组的管理职责。如图 5.4-1 所示。

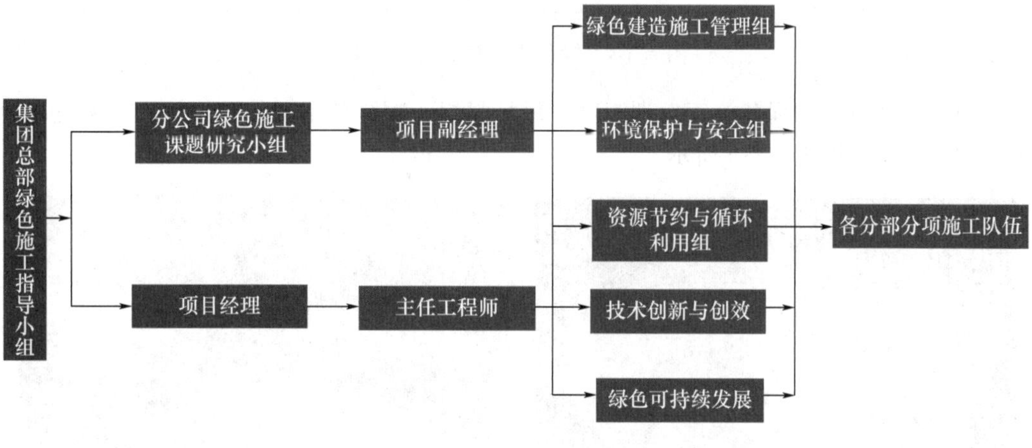

图 5.4-1　绿色施工指导小组

（2）本工程的绿色施工管理制度健全，严格按照《绿色施工管理体系手册》组织施工；分包合同中包含绿色施工要求。如图 5.4-2 和图 5.4-3 所示。

图 5.4-2　绿色施工管理体系手册

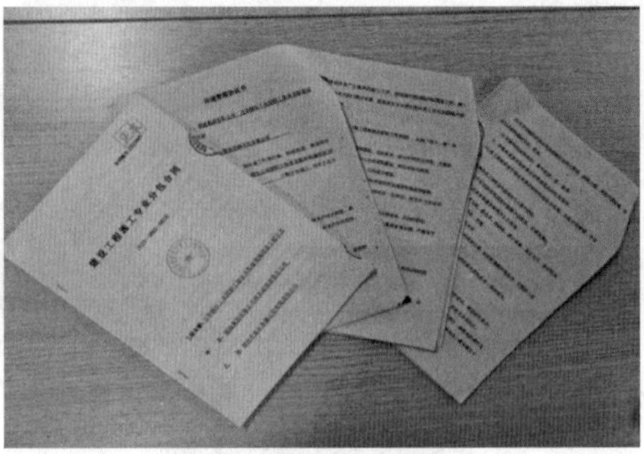

图 5.4-3　分包合同中包含绿色施工相关要求

（3）项目编制了绿色施工专项方案。在该方案中，绿色施工的量化、细化及考核目标明确且合理，并且制定了与绿色建造施工过程控制相关的技术措施，这些措施均达到指标要求，同时也按规定进行了审批。如图 5.4-4 所示。

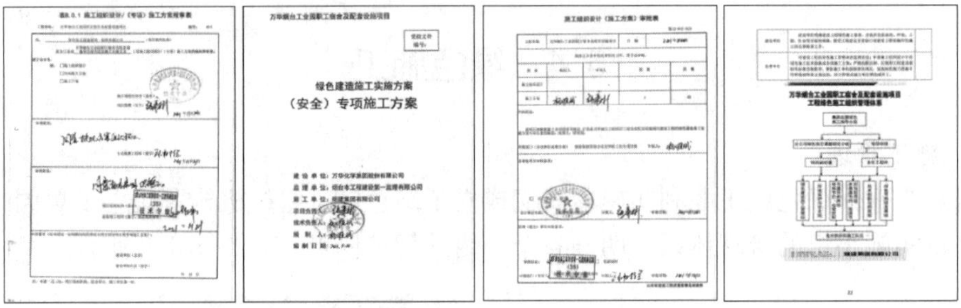

图 5.4-4　绿色建造专项施工方案

（4）建立健全的绿色施工培训制度，每月组织一次绿色施工培训，培训人数约 600 人。如图 5.4-5 和图 5.4-6 所示。

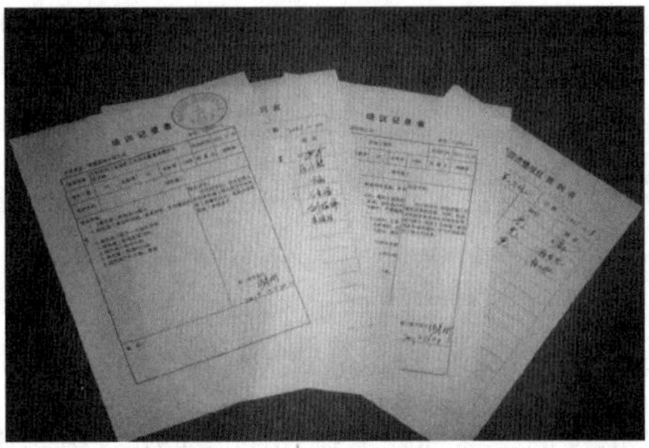

图 5.4-5　绿色施工培训记录

图 5.4-6　绿色施工培训

（5）在施工现场出入口处设置“十八牌两图”，并在施工现场设置明显的绿色施工标识。如图 5.4-7 和图 5.4-8 所示。

图 5.4-7　十八牌两图

图 5.4-8　现场垃圾分类

（6）施工现场安全标识如图 5.4-9 所示。

图 5.4-9　施工现场安全标识

2. 环境保护

（1）施工现场设置 PM10 扬尘在线监测系统，在基坑周边设置喷淋系统和塔吊喷淋装置。如图 5.4-10 和图 5.4-11 所示。

图 5.4-10　围挡喷淋

图 5.4-11　喷淋联动系统

（2）在出入口安装自动感应洗车平台，进出场车辆冲洗干净并登记后方可驶离施工现场。进出车辆、机械设备有害气体排放量符合国家年检要求。如图 5.4-12 和图 5.4-13 所示。

图 5.4-12　自动洗车台

图 5.4-13　车辆环保标志合格

（3）在楼内设置垃圾通道，施工现场的废旧材料集中分类堆放。单独设置危险品仓库，从源头上控制污染物的扩散。如图 5.4-14、图 5.4-15 所示。

图 5.4-14　高空垃圾通道

图 5.4-15　聚苯材料封闭存放

（4）机械设备方面，优先采用低噪音设备，并定期对其保养维护。在现场外围设置高度不低于 2.5m 的硬质彩钢板围挡全封闭管理控制噪声扩散，同时结合噪音检测设备合理安排施工时间，从而控制噪声污染。如图 5.4-16 和图 5.4-17 所示。

图 5.4-16　噪音监测仪

图 5.4-17　消音棚

（5）对现场的光污染进行控制如图 5.4-18 所示。

图 5.4-18　光污染控制

（6）建立建筑垃圾再生利用制度，及时回收废料并进行再利用。如图 5.4-19～图 5.4-23 所示。

筑垃圾再生利用管理制度

新建建筑多，材料、机械等投入大，各种建材、周转材料使用量大。为减少对现场对各种材料造成的浪费，现制定以下制度。

1、钢筋

现场钢筋下料必须根据图纸及国家规范完善钢筋下料单，钢筋加工按照料单，对钢筋原材进行合理裁剪，现场钢筋加工所剩边角料，进行分类整理堆放，对长度 20cm 以上的进行回收利用，用于线条板筋、构造柱拉筋、砌体拉结筋等。对无法再次重新利用的短钢筋，必须整理堆放在废料池内，由项目部统一进行处理。

2、模板

图 5.4-19　建筑垃圾再生利用制度

图 5.4-20　桩头破碎做回填骨料

图 5.4-21　垃圾粉碎机

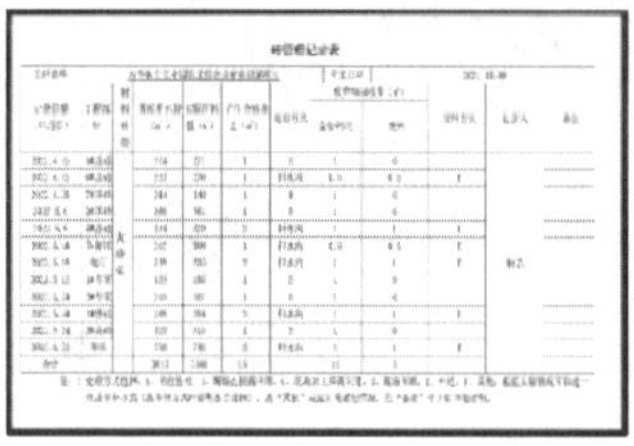

图 5.4-22　回收利用台账

图 5.4-22　AAC 板废料砌转胎膜

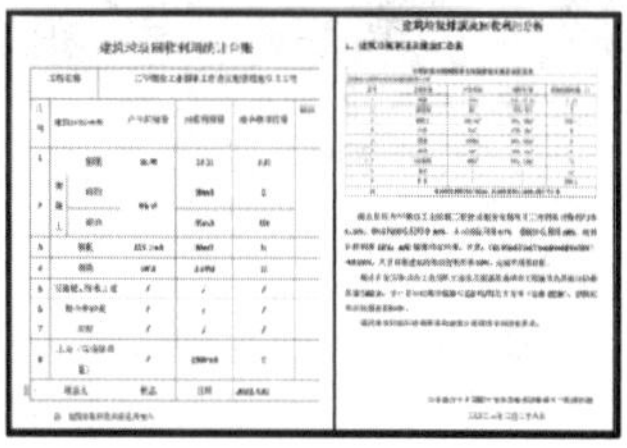

图 5.4-23　垃圾统计分析

3. 节材与材料利用

（1）施工现场全面采用成品定型化、工具化、标准化、便于施工、易于拆装的临时设施、安全通道口、安全防护设施，其重复使用率达 100%。如图 5.4-24、图 5.4-25 所示。

（2）建筑垃圾回收再利用如图 5.4-26～图 5.4-31 所示。

（3）建立限额领料管理制度，合理选择主材产地，并建立绿色环保材料台账。如图 5.4-32～图 5.4-35 所示。

图 5.4-24　定型化防护

图 5.4-25　钢板网

图 5.4-26　楼梯防护

图 5.4-27　临边防护

图 5.4-28　洞口防护

图 5.4-29　包装物回收

图 5.4-30　浇筑盖板

图 5.4-31　可拆卸桁架楼承板

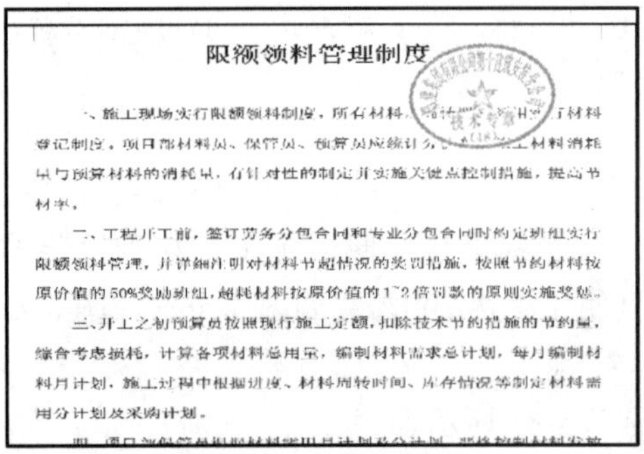
限额领料管理制度

一、施工现场实行限额领料制度，所有材料[illegible]材料登记制度。项目部材料员、保管员、预算员应统计分[illegible]工材料消耗量与预算材料的消耗量，有针对性的制定并实施关键点控制措施，提高节材率。

二、工程开工前，签订劳务分包合同和专业分包合同时约定班组实行限额领料管理，并详细注明对材料节超情况的奖罚措施，按照节约材料按原价值的50%奖励班组，超耗材料按原价值的1~2倍罚款的原则实施奖惩。

三、开工之初预算员按照现行施工定额，扣除技术节约措施的节约量，综合考虑损耗，计算各项材料总用量，编制材料需求总计划，每月编制材料月计划，施工过程中根据进度、材料周转时间、库存情况等制定材料需用分计划及采购计划。

四、[illegible]

图 5.4-32　限额领料制度

主要材料产地表

序号	材料/品种	厂家名称	[illegible]	采购渠道	运距
1	混凝土	万华节能科技有限公司	[illegible]	厂家直采	10km
2	干混砂浆	烟台[illegible]建材有限公司	t	厂家直采	15km
3	钢筋	山东永锋	t	厂家直采	335km
4	砌块	莱阳市[illegible]建材有限公司	m³	厂家直采	70km
5	水泥	烟台[illegible]建材有限公司	t	厂家直采	15km
6	TPO耐沥青防水卷材	青岛东方雨虹防水技术股份有限公司	m²	经销商	35km
7	[illegible]	烟台[illegible]材料有限公司	t	厂家直采	25km
8	聚氨酯防水涂料	北京东方雨虹防水技术股份有限公司	桶	经销商	498km
9	AAC蒸压加气混凝土板	青岛天利兴远新型建材有限公司	m³	厂家直采	[illegible]
10	[illegible]	万华化学集团有限公司	T	厂家直采	22km

注：本工程使用的主要建筑材料距现场500公里以内，本地建筑材料占建筑材料总重量的70%以上。

图 5.4-33　主材运距统计

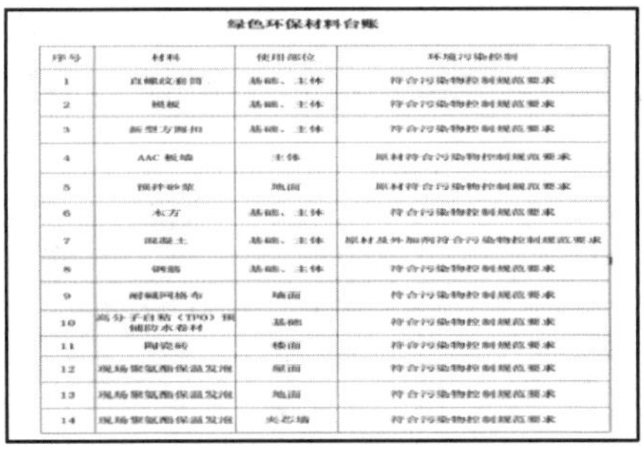

绿色环保材料台账

序号	材料	使用部位	环境污染控制
1	直螺纹套筒	基础、主体	符合污染物控制规范要求
2	模板	基础、主体	符合污染物控制规范要求
3	新型方圆扣	基础、主体	符合污染物控制规范要求
4	AAC 板墙	主体	原材符合污染物控制规范要求
5	预拌砂浆	地面	原材符合污染物控制规范要求
6	木方	基础、主体	符合污染物控制规范要求
7	混凝土	基础、主体	原材及外加剂符合污染物控制规范要求
8	钢筋	基础、主体	符合污染物控制规范要求
9	耐碱网格布	墙面	符合污染物控制规范要求
10	高分子自粘（TPO）预铺防水卷材	基础	符合污染物控制规范要求
11	陶瓷砖	楼面	符合污染物控制规范要求
12	现场聚氨酯保温发泡	屋面	符合污染物控制规范要求
13	现场聚氨酯保温发泡	地面	符合污染物控制规范要求
14	现场聚氨酯保温发泡	夹芯墙	符合污染物控制规范要求

图 5.4-34　绿色环保材料台账

图 5.4-35　绿色建材应用

4. 节水与水资源利用

（1）项目部制定节水措施：在办公区、生活区和生产区分别安装水表，安排专人负责抄表记录，并及时对数据进行整理分析。同时，与分包队伍签订施工、生活用水协议书，并将用水情况纳入计量考核范围。如图 5.4-36～图 5.4-41 所示。

图 5.4-36　用水制度

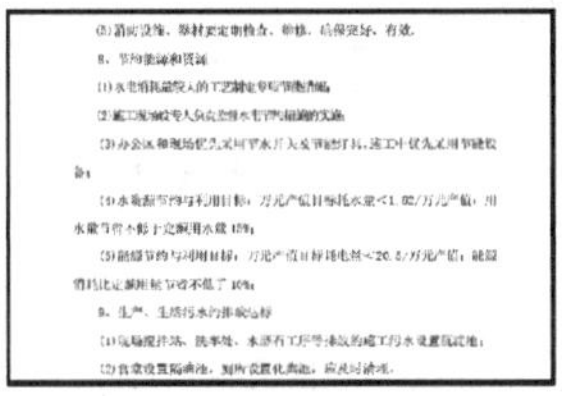

图 5.4-37　分包合同节水指标

图 5.4-38　节水目标

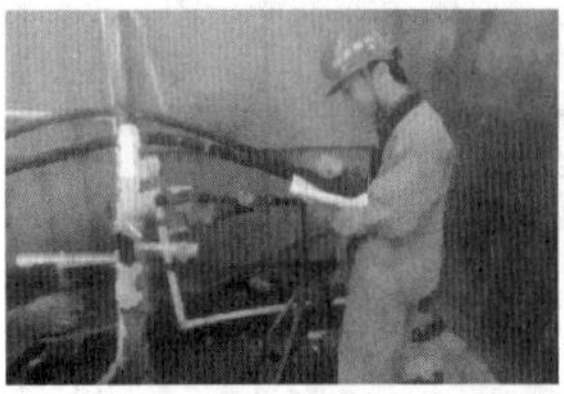

图 5.4-39　定期抄表统计

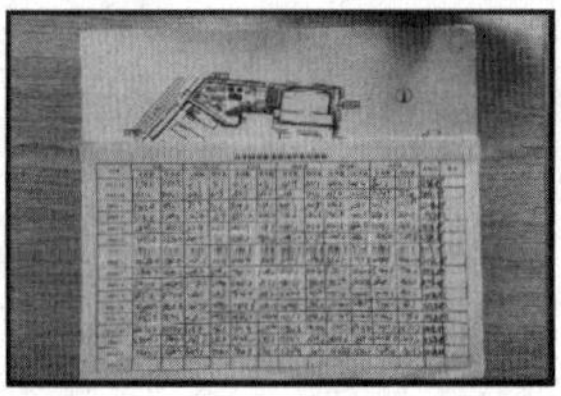

图 5.4-40　水表布置图

图 5.4-41　节水器具配备率 100%

（2）在现浇楼板混凝土浇注完成后，采用覆膜养护的方式，墙柱拆模后粘贴薄膜进行保湿，防止水分散失。如图 5.4-42 和图 5.4-43 所示。

图 5.4-42　混凝土覆膜养护

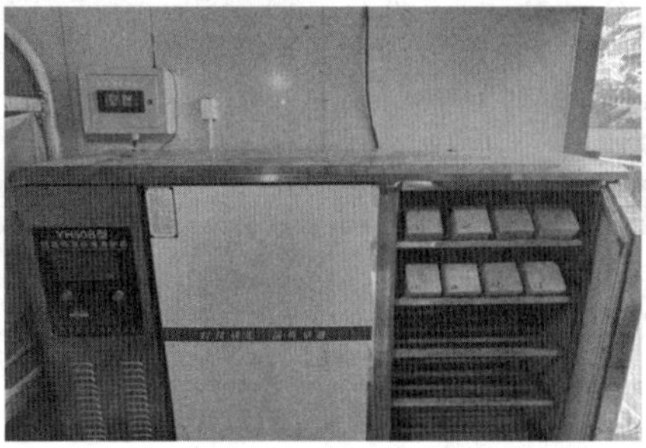

图 5.4-43　混凝土自动养护箱

（3）实行雨水、污水分流排放。雨水经沉淀过滤后用于洒水降尘，剩余雨水经检测达标后排入市政管道；污水汇入化粪池，经沉淀后流入市政污水管网。如图 5.4-44 所示。

图 5.4-44　雨水收集系统

5. 节能与能源利用

（1）针对生产区、生活区、办公区分别安装电表，进行单独计量。安排专人负责收集用电数据，并建立用电统计台账以开展能耗分析。如图 5.4-45～图 5.4-49 所示。

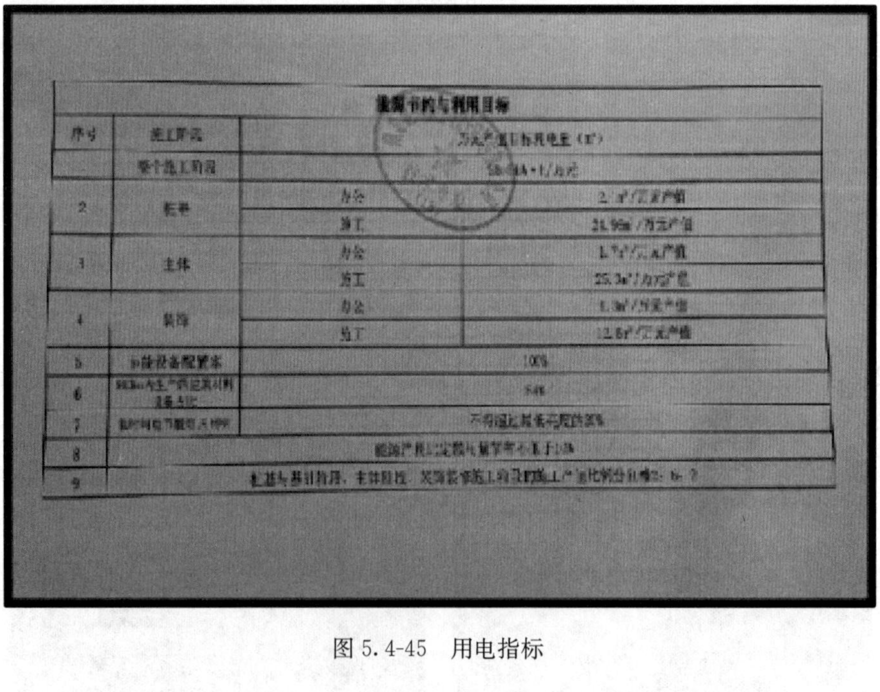

[illegible]			
序号	施工阶段	[illegible]	
	整个施工阶段	[illegible]	
2	[illegible]	办公	[illegible]
		施工	[illegible]
3	主体	办公	[illegible]
		施工	[illegible]
4	装饰	办公	[illegible]
		施工	[illegible]
5	[illegible]	100%	
6	[illegible]	[illegible]	
7	[illegible]	[illegible]	
8	[illegible]		
9	[illegible]		

图 5.4-45　用电指标

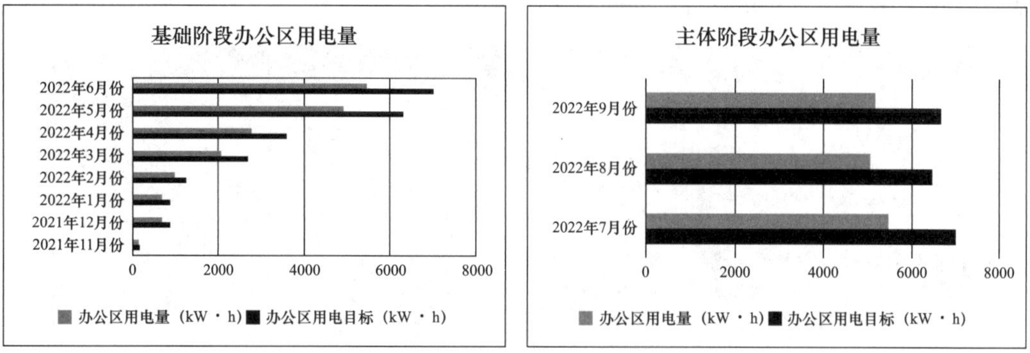

图 5.4-46　用电统计对比分析

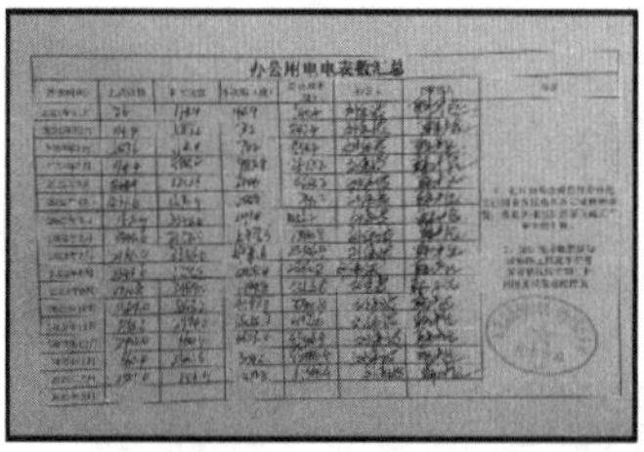

图 5.4-47　抄表记录

图 5.4-48　节能设备器具统计

图 5.4-49　定期抄表

（2）办公区及生活区室内照明采用节能型灯具，空调、打印机等设备选用一级能效设备。浴室设置太阳能热水器，以达到节约用电的目的。如图 5.4-50～图 5.4-55 所示。

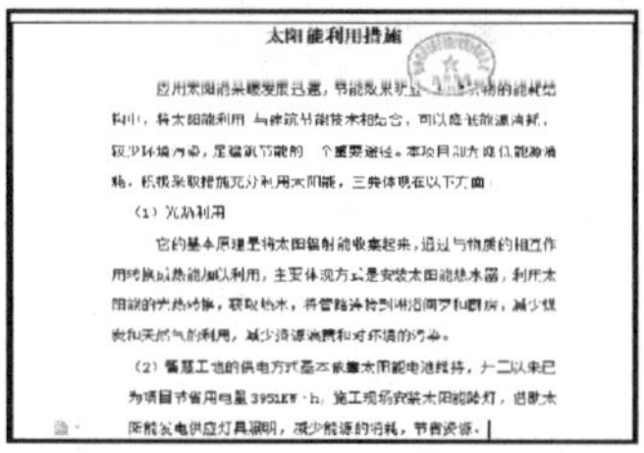

图 5.4-50　太阳能利用措施

图 5.4-51　太阳能热水器

图 5.4-52　太阳能路灯

图 5.4-53　节能器具

图 5.4-54　灯光控制器

图 5.4-55　太阳能设备

（3）办公区的板房采用全封闭镀膜玻璃，阻止太阳热辐射进入室内，隔热效果明显，并且选用高性能变频设备。如图 5.4-56 和图 5.4-57 所示。

图 5.4-56　落地窗采光能力强

图 5.4-57　无功补偿

6. 节地与土地资源保护

（1）运用 BIM 技术对施工现场展开整体规划，对临水、临电、道路等进行统一部署，合理划分办公区、生活区、生产区，以立体的形式展现施工现场的布置情况。如图 5.4-58 所示。

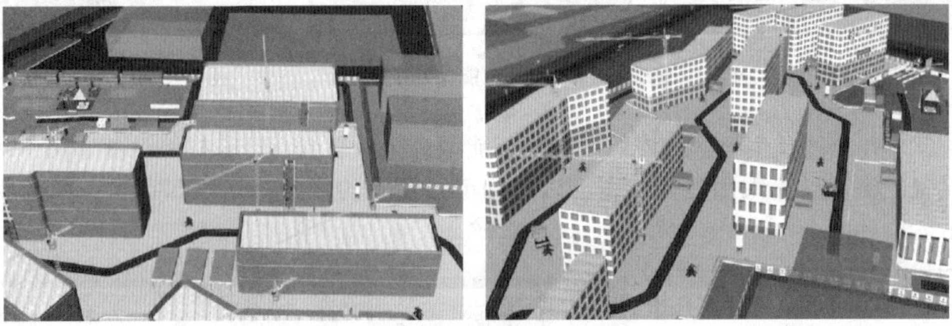

图 5.4-58　三维 BIM 场布

（2）预留回填土方，施工现场路面采用预制道板铺设。如图 5.4-59 和图 5.4-60 所示。

图 5.4-59　预留回填土方

图 5.4-60　预制道板

（3）在项目策划阶段，于现场预留环行道路，如图 5.4-61 所示。

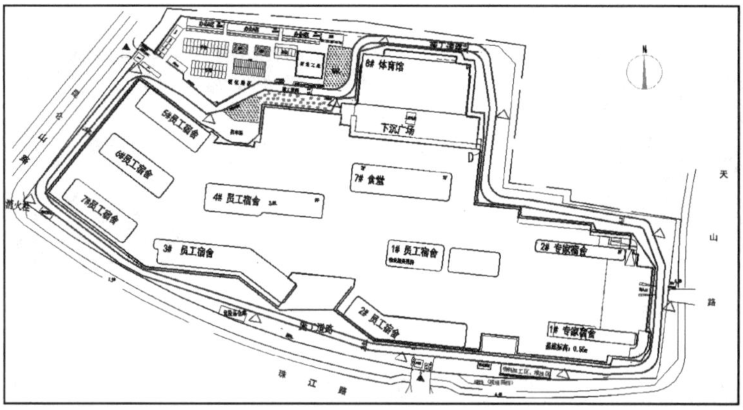

图 5.4-61　现场环形路

（4）建立防止水土流失的管理制度及措施，对裸露土地采用植被绿化的方式，以减少水土流失。如图 5.4-62 所示。

图 5.4-62　裸露土地植被绿化

7. 人力资源节约与职业健康安全

（1）本工程编制了完备的人员健康和保护应急预案。入场人员需进行体检，定期组织应急救护培训，并建立特种作业人员健康管理档案。如图 5.4-63～图 5.4-65 所示。

图 5.4-63　应急救援预案

图 5.4-64　工人入场体检

图 5.4-65　应急救护培训

（2）在现场设立应急措施，设置危险仓库；现场特种作业人员证件齐全。如图 5.4-66～图 5.4-70 所示。

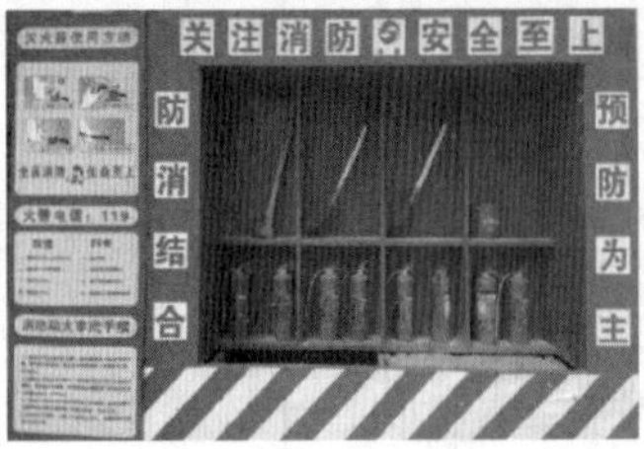

图 5.4-66　应急设施

图 5.4-67　危险品仓库

图 5.4-68　劳保用品使用

图 5.4-69　特种作业证齐全

图 5.4-70　物品发放

（3）建立食堂卫生管理制度，厨房各类器具摆放整洁，食品经营许可证及工作人员证件齐全有效。如图 5.4-71～图 5.4-76 所示。

图 5.4-71　食堂管理制度

图 5.4-72　生熟食分区

图 5.4-73　静电式油烟净化器

图 5.4-74　食堂卫生清洁

图 5.4-75 证件齐全

图 5.4-76　消毒柜

（4）办公区定期安排专人进行消毒，消杀物资单独存放，并建立消杀记录。如图 5.4-77～图 5.4-82 所示。

图 5.4-77　办公区消杀

图 5.4-78　大门头消杀

图 5.4-79　卫生间消杀

图 5.4-80　消杀物资

图 5.4-81　废水池消杀

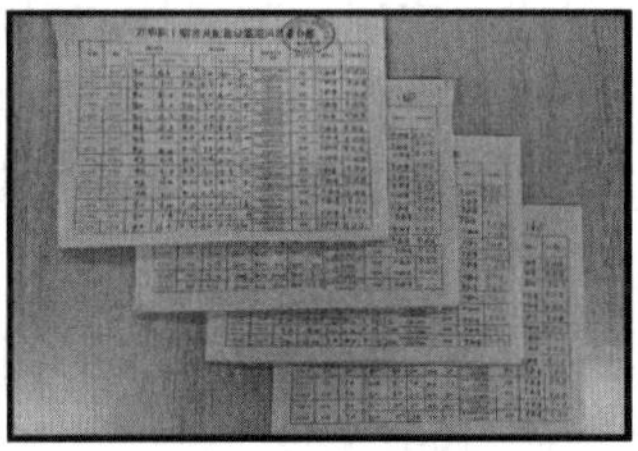

图 5.4-82　消杀记录

5.5　绿色交付

1. 竣工资料的编制及整理

（1）竣工资料由项目工程技术人员在施工过程中编制及收集，交项目资料员保管和整理；竣工后，先由总工程师审核，再由项目部资料员整理装订成册。必要时，公司将协调专门的档案管理员指导、帮助项目部资料员进行整理工作。

（2）竣工资料所包含的内容及所采用的标准或规定，必须符合整个工程的实际情况及万华工业园区档案馆的规范要求。

（3）竣工资料整理时做到分类科学、规格统一、便于查找、字迹清晰、图形规整、尺寸齐全、签章完整、没有漏项等情况，且不得使用铅笔、普通圆珠笔和易褪色的墨水填写和绘制，以便于工程归档。

2. 竣工图的编制

（1）凡在施工中无修改的图纸，由项目技术人员在施工图上加盖竣工图章。

（2）若施工中图纸无重大变更，项目技术人员需将修改的内容改在原蓝图上，并在蓝图醒目处（如右上角）汇总标出变更单号，然后加盖竣工图章。

（3）当因重大修改而重新绘制施工图时，必须在得到建设单位确认后，再由项目技术人员负责绘制，在此图的右上角注明原图编号。经管理公司及监理单位审核无误后，加盖竣工图章。

（4）所有竣工图都必须经项目技术负责人审核，重新绘制的施工图必须有设计代表签章。

3. 电子交付文件

（1）施工图三维数字化设计的交付物应包含工程图纸、施工图设计模型以及其他文件。施工图三维数字化设计工程图纸应与施工图设计模型内容保持一致。施工图设计模型是为满足工程建设项目实际需要而构建的模型。

施工图设计模型专业包含场地工程、建筑、结构、给水排水、暖通空调、电气、智能化等专业。其中，场地工程专业模型应包括建设项目规划总用地和建设项目可建设用地的信息，应根据用地红线的范围界限创建模型构件，并按照项目规划条件确定的可建设用地轮廓线创建模型构件。

施工单位将按照绿色交付标准及成果要求提供实体交付及数字化交付成果，数字化交付成果应确保与实体交付成果信息的一致性和准确性。

项目交付前，会将建筑各分部分项工程的设计、施工、检测等技术资料整合和校验，并按照相关标准移交建设单位和运营单位。

（2）按照《万华化学工程建设管理中心交工技术文件管理规定》（PR-WHYTP-D04-0008）对影像资料进行归档、交付。

4. 其他文件

在本项目交付前，将提交绿色建材实际使用率核定计算书，开展综合效能调适，并提供综合效能调适报告，同时完成绿色建筑相关检测，并提交建筑使用说明书及各子系统运行维护操作规程和维护保养手册。

5.6 创新技术

（1）制订绿色建造科研计划、实施、研究及推广应用管理体系、制度和方法；采用住建部推广应用和限制禁止使用技术公告中得推广应用技术；积极推广十项新技术。如图 5.6-1 所示。

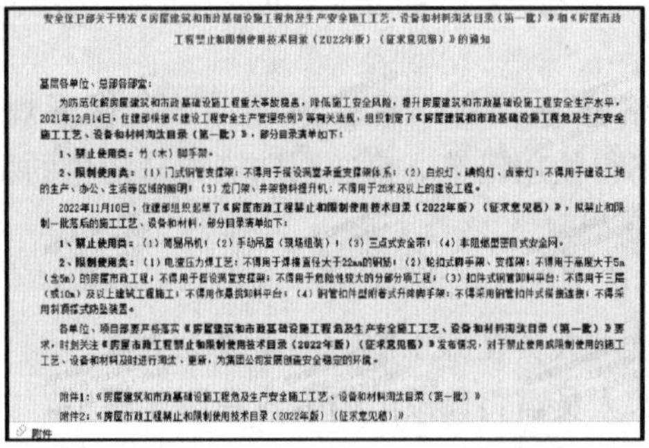

安全[illegible]部关于转发《房屋建筑和市政基础设施工程危及生产安全施工工艺、设备和材料淘汰目录（第一批）》和《房屋市政工程禁止和限制使用技术目录（2022年版）（征求意见稿）》的通知

基层各单位、总部各部室：

为防范化解房屋建筑和市政基础设施工程重大事故隐患，降低施工安全风险，提升房屋建筑和市政基础设施工程安全生产水平，2021年12月14日，住建部根据《建设工程安全生产管理条例》等有关法规，组织制定了《房屋建筑和市政基础设施工程危及生产安全施工工艺、设备和材料淘汰目录（第一批）》，部分目录清单如下：

1、禁止使用类：竹（木）脚手架。

2、限制使用类：（1）门式钢管支撑架：不得用于搭设满堂承重支撑架体系；（2）白炽灯、碘钨灯、卤素灯：不得用于建设工地的生产、办公、生活等区域的照明；（3）龙门架、井架物料提升机：不得用于25米及以上的建设工程。

2022年11月10日，住建部组织起草了《房屋市政工程禁止和限制使用技术目录（2022年版）（征求意见稿）》，拟禁止和限制一批落后的施工工艺、设备和材料，部分目录清单如下：

1、禁止使用类：（1）简易吊机；（2）手动吊篮（现场组装）；（3）三点式安全带；（4）非阻燃型密目式安全网。

2、限制使用类：（1）电渣压力焊工艺：不得用于焊接直径大于22mm的钢筋；（2）轮扣式脚手架、支撑架：不得用于高度大于5m（含5m）的房屋市政工程；不得用于搭设满堂支撑架；不得用于危险性较大的分部分项工程；（3）扣件式钢管卸料平台：不得用于三层（或10m）及以上建筑工程施工；不得用作悬挑卸料平台；（4）钢管扣件型附着式升降脚手架：不得采用钢管扣件式搭设连接；不得采用钢顶摆式防坠装置。

各单位、项目部要严格落实《房屋建筑和市政基础设施工程危及生产安全施工工艺、设备和材料淘汰目录（第一批）》要求，时刻关注《房屋市政工程禁止和限制使用技术目录（2022年版）（征求意见稿）》发布情况，对于禁止使用或限制使用的施工工艺、设备和材料及时进行淘汰、更新，为集团公司发展创造安全稳定的环境。

附件1：《房屋建筑和市政基础设施工程危及生产安全施工工艺、设备和材料淘汰目录（第一批）》

附件2：《房屋市政工程禁止和限制使用技术目录（2022年版）（征求意见稿）》

附件

序号	目标名称	目标值
1	绿色施工推广应用技术公告	不少于20项
2	采用“建筑业10项新技术”	不少于25项
3	绿色施工技术子项数量	不少于6 项
4	开展技术创新	形成具有自主知识产权的成果不少于3项

图 5.6-1　技术推广

（2）目前工程已申报一项发明专利，“一种适用于零碳建筑的夹心一体保温板”；两项实用新型专利，“一种 AAC 板空腔发泡保温外墙”“一种硬泡聚氨酯发泡保温楼面”，使用具有自主知识产权专利多项。如图 5.6-2 所示。

图 5.6-2　专利

（3）目前工程已获得 1 项省级工法、4 项市级工法。已获得 3 项市级 QC 活动，3 项省级 QC 活动，中施企协绿色建造施工达到三星级标准。如图 5.6-3 所示。

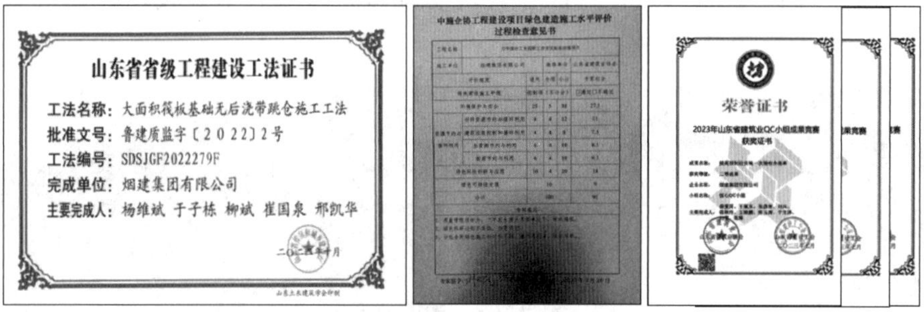

图 5.6-3　工法等证书

（4）施工现场采用预制柱信息化管理、灌浆套筒施工、预铺反粘防水、自密实混凝土、型钢混凝土等新型技术。如图 5.6-4～图 5.6-9 所示。

图 5.6-4　预制柱信息化管理

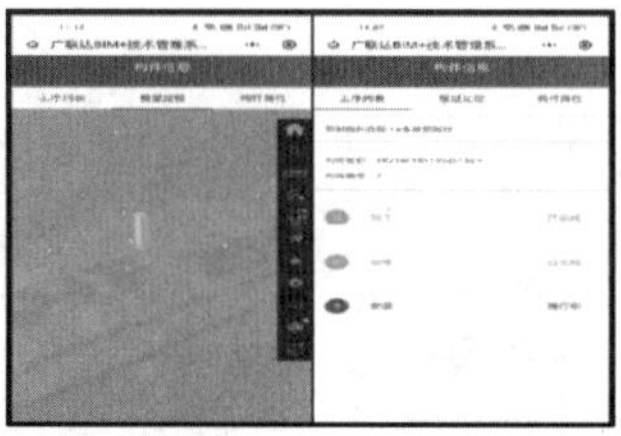

图 5.6-5　预制柱构件跟踪

图 5.6-6　灌浆套筒施工

图 5.6-7　预铺反粘防水

图 5.6-8　自密实混凝土

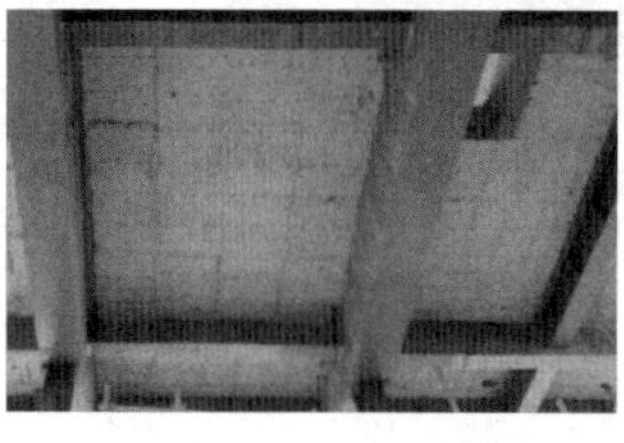

图 5.6-9　型钢混凝土

（5）采用 IM 管线排版、智能监控、BIM 三维交底、大数据应用及变频设备等新技术。如图 5.6-10～图 5.6-12 所示。

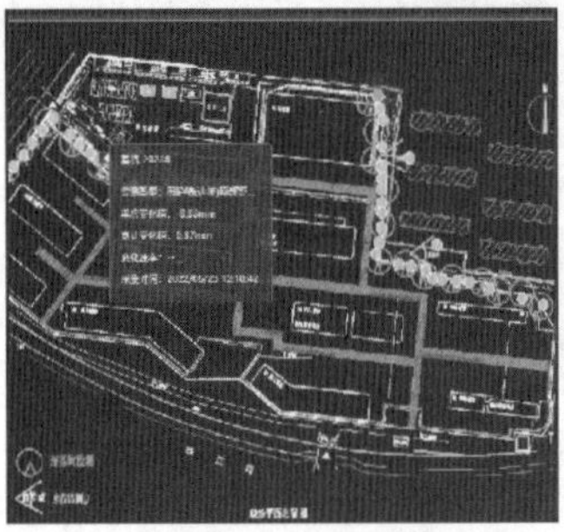

图 5.6-10　智能检测

图 5.6-11　大数据应用

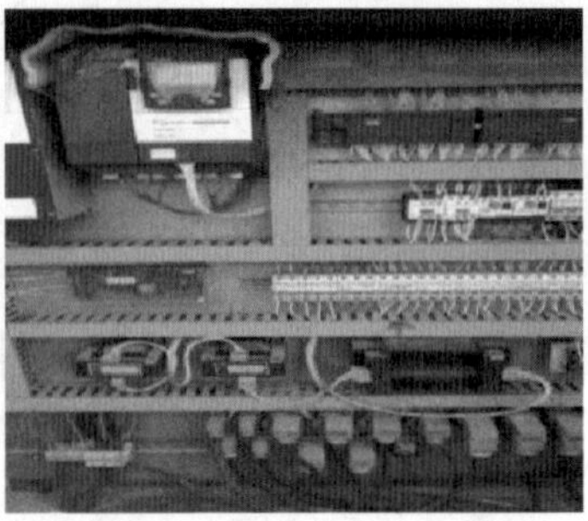

图 5.6-12　变频设备

（6）现场采用地源热泵、光伏发电、发电玻璃等多项可再生能源新技术，以及保温外墙、聚氨酯楼面、聚氨酯屋面、高热阻幕墙等多项被动式节能技术。如图 5.6-13～图 5.6-16所示。

图 5.6-13　聚氨酯屋面

图 5.6-14　光伏发电

图 5.6-15　聚氨酯楼面

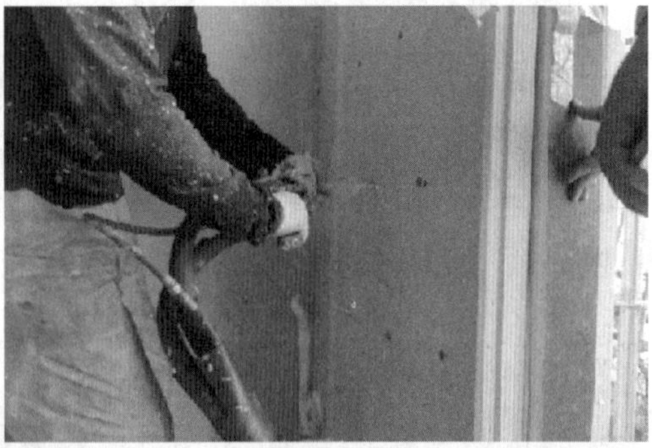

图 5.6-16　保温外墙

5.7　亮点经验

（1）运用精益化管理方法，测算清晰，降本增效。如图 5.7-1 所示。

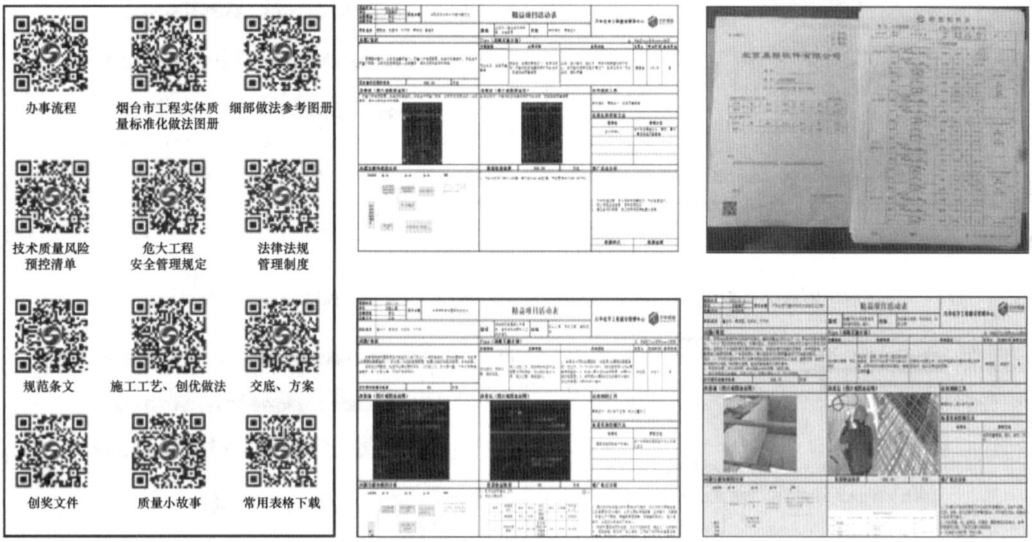

图 5.7-1　精细化管理

（2）水资源节约与利用分析如图 5.7-2 所示。

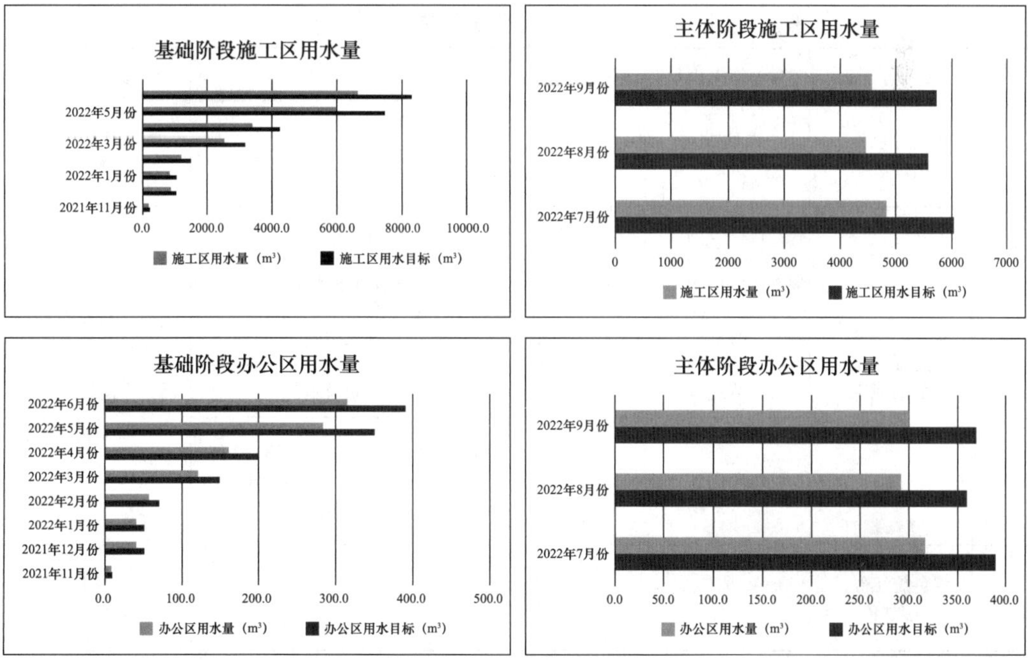

图 5.7-2　项目总用水量 41454m^3，节约用水 10345m^3

（3）能源节约与利用分析如图 5.7-3 所示。

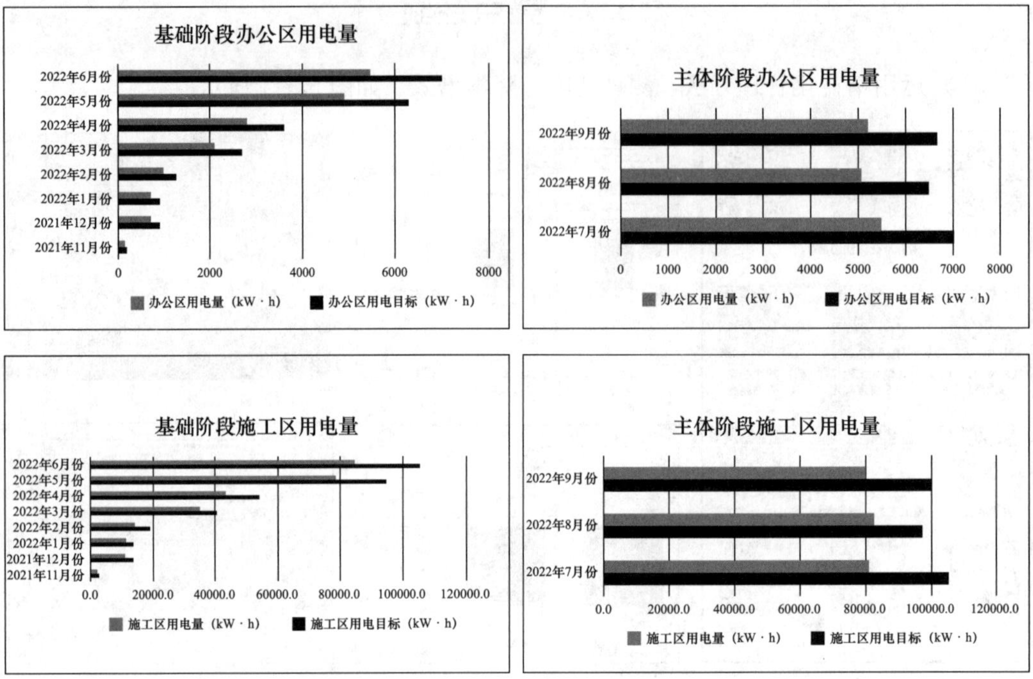

图 5.7-3　项目总用电量 202841kW·h，节约用电 54458kW·h

（4）绿色施工经济效益见表 5.7-1。

表 5.7-1　经济效益

序号	项目	绿色施工项目	效益值	实施方法	形成原因
1	实施绿色施工增加成本	一次性投入、折旧	－93.5 万	硬化、绿化定型设施	初期智能设备，环境改善
2	实施绿色施工节约成本	材料节约	70.09 万	材料管控措施	通过创建绿色建造施工水平评价，“五方面”达到指标要求，经济效益明显
3		垃圾控制	95.91 万	垃圾回收措施	
4		节水	18.37 万	节水措施	
5		节能	22.44 万	节能措施	
6		技术创新	695.36 万	精益建设：TPO 防水 228.72 万；屋面 93.28 万；取消推拉门 298.88 万；工法：74.48 万	
7	绿色施工经济增加值	808.65 万			通过实施节约成本总数

（5）社会效益如图 5.7-4 所示。

图 5.7-4　领导莅临现场指导

第6章　滨州市全民健康文化中心项目——全民健身中心工程

6.1　工程概况

滨州市全民健康文化中心项目——全民健身中心坐落于滨州市黄河十路以南，渤海十六路以东，其南部为体育学院，北部为张课家居住区和滨州技术学院，西部为滨州大饭店和中海公园，东邻新立河，地理位置如图 6.1-1 所示。该项目规划的总用地约 60 公顷，为打造城市吸引点、提升城市竞争力，此项目作为滨州市的大型建设项目，与整体区域结合进行建设。这一项目的实施将大幅度提升滨州的城市品位，增强城市的辐射能力、影响力，成为滨州市对外的重要窗口。

图 6.1-1　地理位置

项目总建筑面积 86129.24m^2，地下一层、地上四层，建设总投资约 6.8 亿元。建筑外形优美灵动、简约现代，犹如一只展翅的蝴蝶栖息于奥林匹克公园内，如图 6.1-2、图 6.1-3 所示。该项目涵盖游泳比赛训练、健身中心、休闲、餐饮、酒店、购物、培训、娱乐、康复等多种业态，是一个集比赛、训练、健身、休闲、娱乐为一体的社会化综合性体育公园项目。它是 2021 年山东省重大实施类项目，也是滨州市“83”工程重点民生项目。该项目于 2021 年 8 月 1 日正式开工建设，至 2023 年 12 月 14 日完成竣工验收。目前，它是鲁北地区规模最大、业态最全、环境最优的体育产业综合体。

图6.1-2 俯视图

图6.1-3 45°视角

6.2 绿色策划

工程按照“科技环保、生态环境、配置优化、工艺一流”原则，秉持“碳达峰、碳中和”理念，遵循绿色建造技术导则和设计规定开展建设工作。从绿色策划、绿色设计、绿色施工和绿色交付这四个维度出发，并结合项目特点及功能需求，注重技术前瞻性和引领性，注重工程的实用性和可操作性，将全寿命周期管理理念落到实处，从而点亮城市空间，推动地区绿色建造的发展。绿色建造整体方案如图6.2-1所示。

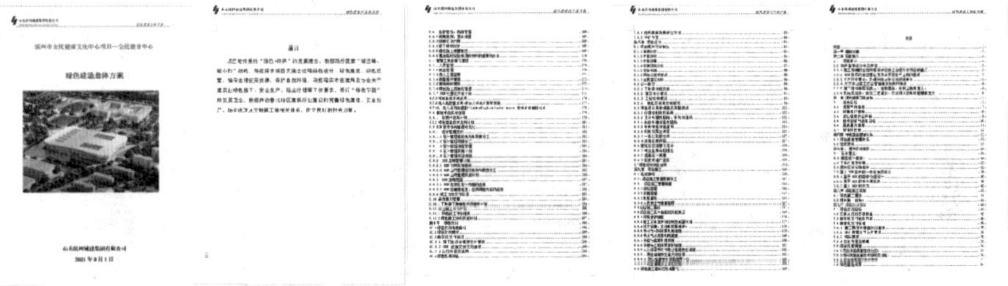

图6.2-1 绿色建造整体方案

6.3 绿色设计

1. 总体布局

项目总体布局以南北和东西方向为礼仪轴线，旨在“聚”于广场，“隐”于公园。整个体育公园区域围绕湖心进行发散式规划布局，向各个分区辐射（见图6.3-1)。这种布局迎合滨州夏季季风方向，有利于冬季日照和夏季自然通风。建筑按照主体建筑定位线进行矩形模数化设计，其形体错落有致，并且有局部退让。整个区域整体布局按照空间开放论原则和环境生态化原则，采用“中心突出、整体分散”的组团式布局模式，将主题公园内部空间和外部空间有机结合、相互渗透，形成“一心、二轴、五区”的结构模式。其中，“一心”为体育公园的核心区域，“二轴”为体育健身轴与文化科技轴，“五区”为文化中心区，科技中心区，教育训练中心区、健身广场公园区和全民健康文化中心。园区规划设计理念围绕这一指导思想规划设计。通过场地空间、硬质空间、实体空间与公园将各功能区串联成一个整体，进而构筑起生态体育走廊。

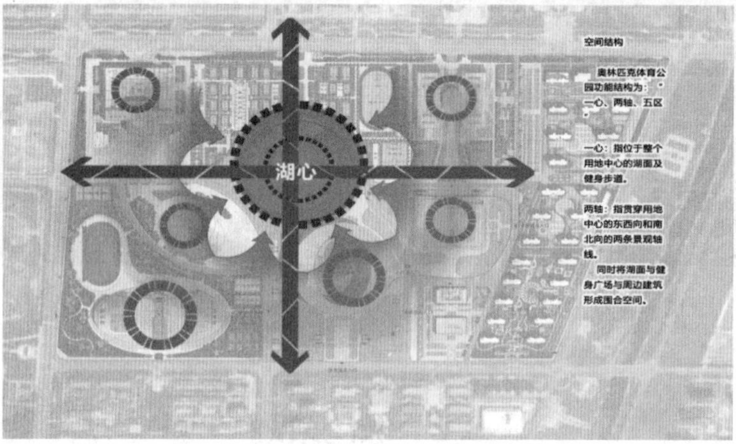

图 6.3-1　总体布局

2. 设计技术特点

建筑设计方案以通风为主题，强调了技术一体化、低技构造、绿色趣味性和体育健身识别性，与周边案例具有鲜明的对比性和独特的个性特征。该方案突出绿色建造、智能运营等技术；重点利用主、被动太阳能采暖、光伏发电、地源热泵、空气能热泵等技术。同时，强调生态技术的建筑一体化设计，突出六大技术亮点，即自然通风强化技术、天然采光和室内 LED 照明、BIPV 非晶硅薄膜光伏发电系统、固废再生轻质内隔墙、生活垃圾资源化、智能集成管理系统等，如图 6.3-2 和图 6.3-3 所示。

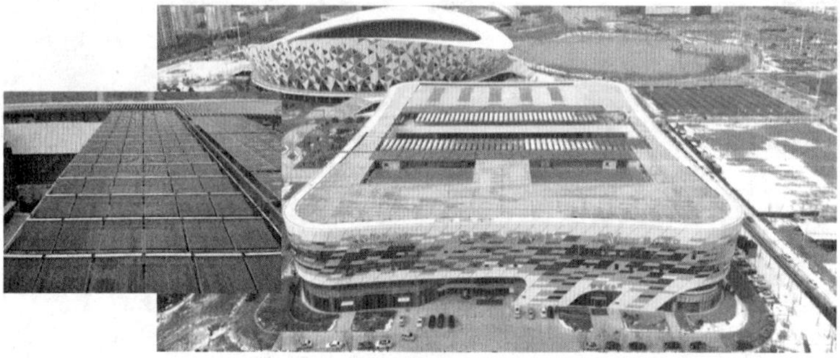

图 6.3-2　光伏建筑一体化

图 6.3-3　冷热源集成化

3. 绿色设计具体措施及实施要点

（1）在设计环节，通过科学优化地设计确保建筑本身的可持续性。总体布局、结构体系、材料使用都深度体现可持续发展的要求，切实贯彻绿色建造技术。同时，在考虑体育建筑赛事需求和赛后运营需求的基础上，优化功能和流线关系，促进体育建筑从赛事期间的热烈状态到赛后的持久状态实现生命的蜕变与重生，既满足赛事要求，又充分考虑体育建筑赛后的运营管理需求，将两者有机结合起来。如图 6.3-4 和图 6.3-5 所示。

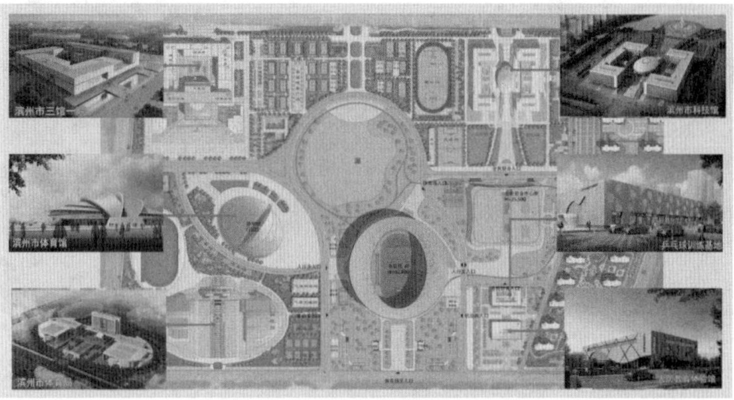

图 6.3-4　项目周边建筑现状分析

图 6.3-5　项目周边交通现状分析

（2）自然采光与通风。采用上下空间贯通且融合自然采光的中庭设计，这种设计能极大地提升建筑的品质和空间感受。同时，在高大空间顶部设计通风窗，借助内部温差产生的空气对流来改善室内空气环境。如图 6.3-6 所示。

（3）应用 BIM 协同系统平台开展正向设计。项目参与各方每周以 BIM 周例会形式，以全专业 BIM 模型为交流平台，组织设计协调会、施工交底会、监理例会。通过这种方式来沟通并解决各类设计、施工安装方面的问题，及时形成阶段成果，从而提高了业主、设计、施工方案的决策及问题解决效率。如图 6.3-7 所示。

图 6.3-6　大空间采光与通风

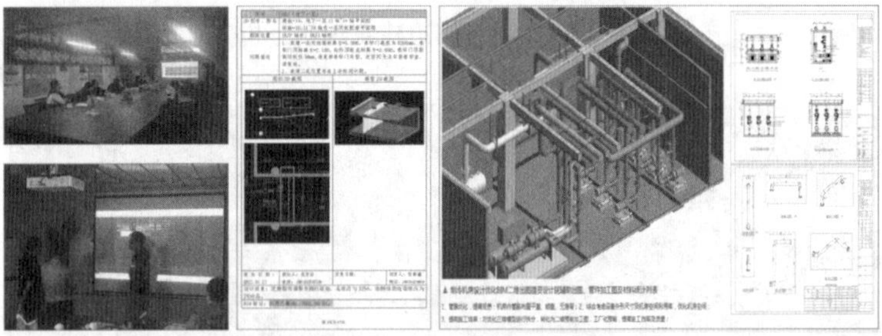

图 6.3-7　BIM 设计

（4）工程根据建筑规模、用途、能源条件，合理利用可再生能源。冷热源方案经专家优化论证，设置了地源热泵系统、空气能系统、太阳能热水系统、燃气锅炉系统、光伏发电系统等，项目的整体节能效果十分显著。如图 6.3-8 所示。

图 6.3-8　能源系统专家论证

（5）外墙采用寿命周期长的断桥铝合金＋5Low-E＋12Ar＋5＋12Ar＋5 玻璃幕墙及（120mm 厚保温岩棉板）单元式铝单板幕墙组合设计，如图 6.3-9 所示。这种设计安装快捷、便于拆换，能够满足项目的节能要求。

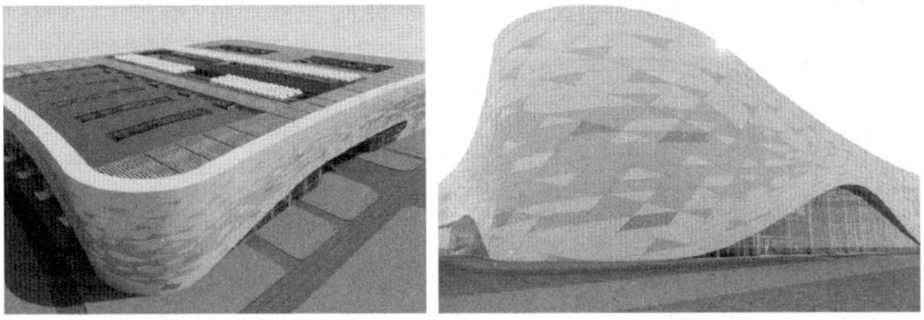

图 6.3-9　幕墙设计

6.4　绿色施工

1. 施工管理

（1）项目从建设之初就坚持贯彻绿色建造理念，高度重视绿色施工管理，并大力推广绿色建材在项目中的应用。通过应用 BIM 模型加三维扫描技术、BIM＋无人机技术、光伏技术以及雨水收集系统，为项目的“四节一环保”提供了有效的技术支撑；同时，借助多方位协同管理信息化建设、智慧工地管理平台、VR 体验区的建立应用，为项目绿色建造精细化管理提供了有效的数据支撑。如图 6.4-1 所示。

图 6.4-1　智慧管理平台

（2）以工程总承包单位作为创建绿色建造示范工程的总负责方，项目经理为绿色建造第一责任人，开展全过程实施工作建设单位、设计单位、监理单位负责检查和监控实施过程，由此形成一个由建设单位、设计单位、监理单位、施工单位共同构成的管理网络。如图 6.4-2 所示。

（3）实施管理方面，通过对项目经理部管理人员及全体施工人员节约教育和培训，增强全体人员的节约意识，以共同实现项目经理提出的节约目标及承诺。分包单位应服从总包单位的绿色施工管理，并对自己所承包工程的绿色施工负责。总包与进入施工现场的各工程承包方签订《环境、职业健康安全保护责任书》。按照不同的等级、层次和工作性质分别开展教育和培训工作，管理人员的重点在于增强节约生产意识和施工管理水平，操作者的重点则是培养节约施工意识和节约习惯。大力加强宣传“绿色建造”宣传教育的力度，增强全员“绿色建造”的意识，提高全员综合素质。如图 6.4-3 所示。

图 6.4-2　绿色建造培训

图 6.4-3　绿色建造全员交底培训

（4）施工现场采用安装便捷的彩钢院墙进行围挡，这种围档坚固且美观，再配以公益广告和亮化设施，能够彰显企业特色；办公区与施工区采用标准化围栏进行分隔，严格实行封闭式分区管理。利用围挡悬挂“五节一环保”等绿色施工标识，加强施工现场绿色施工宣传工作。如图 6.4-4 所示。

图 6.4-4　临设建设

（5）积极响应住建部的政策要求及公司的战略部署，按照高标准建设三星级智慧工地，推广应用物联网、云计算、大数据等信息技术，加快推动建造方式智能化、现场管理智慧化、部门监管可视化。如图 6.4-5 所示。

图 6.4-5　智慧工地运营中心

（6）在现场设置施工危险源公示牌，定期开展实战化应急演练，如图 6.4-6 所示，并且利用安全体验区、VR 技术等高度真实感的沉浸式体验方式，根据工程施工的不同阶段，模拟各类安全事故的真实场景，让从业人员切身感受到安全施工的重要性，从而确保安全生产始终处于可控状态。

图 6.4-6　安全演练

（7）在现场设置办公室、宿舍、食堂、厕所、淋浴间、开水房、文体活动室、密闭垃圾站，并配备齐全的盥洗设施，从而为员工提供一个卫生、健康、舒适、温馨的工作环境。如图 6.4-7 所示。

（8）安排专人定期对办公区、生活区及厕所间进行消毒，对化粪池进行清理，并做好相应的记录。对生活垃圾进行分类收集、集中封闭存放，由专业运输公司每日外运处理。如图 6.4-8 所示。

图 6.4-7　办公及文体设施

图 6.4-8　消毒与垃圾分类收集

（9）临时设施及安全防护设施采用定型化、工具化、标准化的制作、安装方式，其重复使用率达 97%。如图 6.4-9 所示。

图 6.4-9　临设及防护设施

2. 环境保护

（1）借助环境监测仪及智慧工地管理平台实行动态监测及记录施工场界的空气质量指数 PM2.5、PM10。当施工现场空气质量指数接近临界阈值时，塔吊喷淋、围挡喷淋、雾炮通过远程控制开启，再配合洒水车等降尘设施，在施工现场实现高、中、低“立体式多维降尘”。如图 6.4-10 所示。

图 6.4-10　立体式自动降尘

(2) 多功能清扫车与扬尘治理专班人员协作，确保施工现场卫生清理无死角。如图 6.4-11 所示。

图 6.4-11　多功能清扫车清理

(3) 在施工现场的主要出入口设置加长型自动冲洗平台及洗车槽，并通过 AI 自动识别车辆冲洗情况，如图 6.4-12 所示。

图 6.4-12　冲洗设施

(4) 进出车辆、机械设备的有害气体排放量符合国家年检要求。如图 6.4-13 所示。

(5) 楼内设置垃圾通道，现场废旧材料集中分类堆放，独立设置危险品仓库，从源头上控制污染物的扩散。如图 6.4-14 所示。

图 6.4-13　有害气体排放控制

图 6.4-14　污散物源头管控

（6）优先采用低噪声的机械设备，并定期进行保养维护。在现场外围设置 2.5 米高的硬质彩钢板围挡以实现全封闭管理，从而控制噪声扩散；此外，合理安排施工时间，并通过动态噪声检测来控制噪声污染。如图 6.4-15 所示。

图 6.4-15　噪声污染管控

（7）进出场车辆蓬盖严密，施工现场的道路实施硬化处理，现场裸土用密目网覆盖，采用土方湿法作业，避免扬尘和大气污染的产生。如图 6.4-16 所示。

图 6.4-16　扬尘治理

（8）冷冻机房采用整体装配式，如图 6.4-17 所示。这种方式不但能缩短工期、提升机房成型质量，而且能使高空作业减少 90%，实现安装现场无动火、无动电、零焊接的情况，极大地减少声、光污染，有力地推动了建筑绿色建造。

图 6.4-17　整体装配式机房

3. 节材与材料利用

（1）现场全部采用成品定型化、工具化、标准化的临时设施、安全通道口、安全防护设施，如图 6.4-18 所示，这些设施便于施工且易于拆装，其重复使用率达 100%。

图 6.4-18　临时设施标准化

（2）施工现场采用预拌干混砂浆和商品混凝土，通过合理优化配合比，掺入粉煤灰、矿粉、外加剂等材料以降低水泥用量。如图 6.4-19 所示。

图 6.4-19　成品混凝土、砂浆

（3）鉴于项目体量大的特点，将平面划分为 15 个施工区段。模板支撑采用盘扣式支撑体系，达到零配件的效果，从而减少扣件丢失的情况。模板采用新型塑面防水模板，这种模板周转次数多、损耗率低，占模板工程总面积的 92.2%。如图 6.4-20 所示。

图 6.4-20　模板支撑体系

（4）及时清理落地灰、混凝土及钢筋余料，将这些材料用于制作混凝土砖、预制过梁、修补路面、钢筋马凳，对短方木进行接长处理，实现再次利用。如图 6.4-21 所示。

图 6.4-21　废料回收利用

（5）采用 BIM 模型样板与实物样板结合的方式，运用三维模型及动画展示进行技术交底。品茗 HIBIM 会生成带有墙体编号的平面图、墙体排砖图以及相应墙体所需砌体规格数量，为材料分配及块材切割提供数据支撑，提高现场一次运料的准确性，达到节材、降耗、提效的目的。如图 6.4-22 所示。

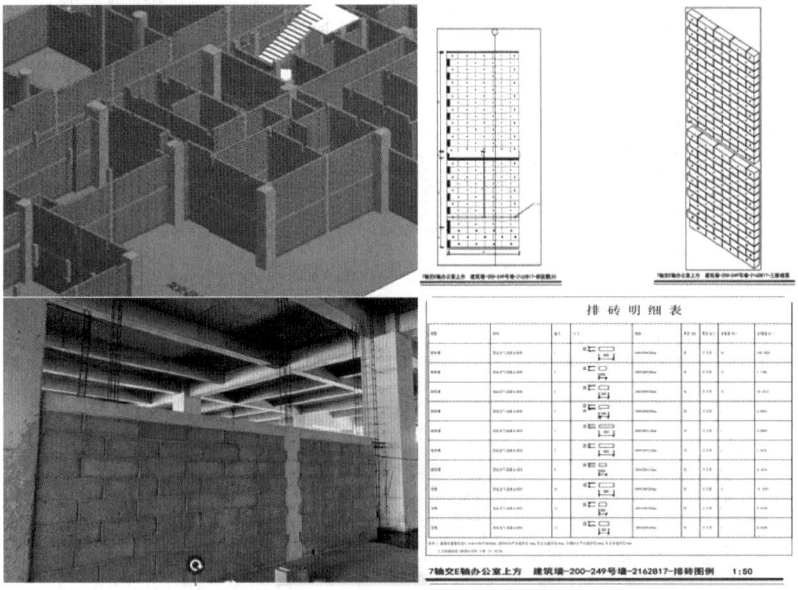

图 6.4-22　砌体排布

（6）运用 BIM 技术对机电管线进行综合排布，如图 6.4-23 所示，针对存在碰撞的管线进行优化、调整，并能提前发现设计中的问题，确保管线布局合理、美观。

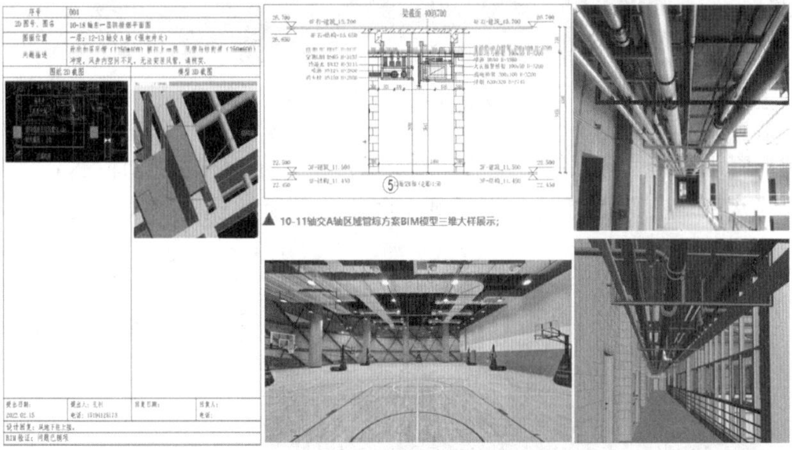

图 6.4-23　管综 BIM 优化

（7）钢结构及幕墙构件工厂化加工，装配化安装，如图 6.4-24 所示。

4. 节水与水资源利用

（1）施工现场、办公区的生活用水采用节水器具，节水器具配置率达 100%，每天安排专人对管网及器具进行检查并及时维修。如图 6.4-25 所示。

图 6.4-24　装配式构件

图 6.4-25　节水器具

（2）建立降水收集处理系统，生活洗涮及生产用水充分利用基坑降水，施工现场洗车台与排水沟的水汇至三级沉淀池，用于洒水降尘、厕所冲刷、绿植浇灌等。如图 6.4-26 所示。

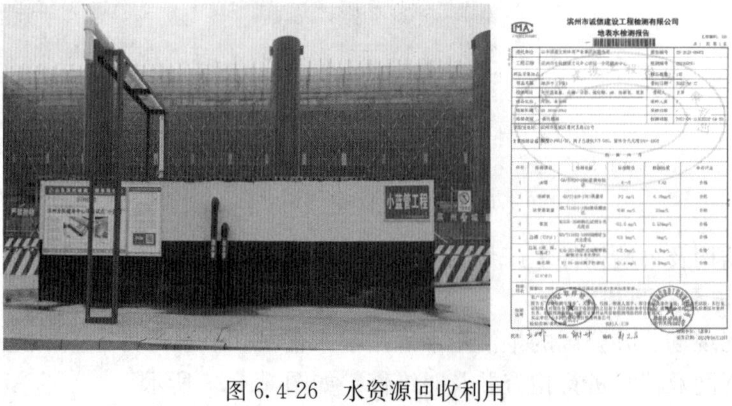

图 6.4-26　水资源回收利用

（3）现浇楼板混凝土浇注完成后，采用覆膜养护，墙柱拆模后，粘贴薄膜进行保湿，防止水分散失；填充墙砌体养护，采用专用养护器进行喷雾养护。如图 6.4-27 所示。

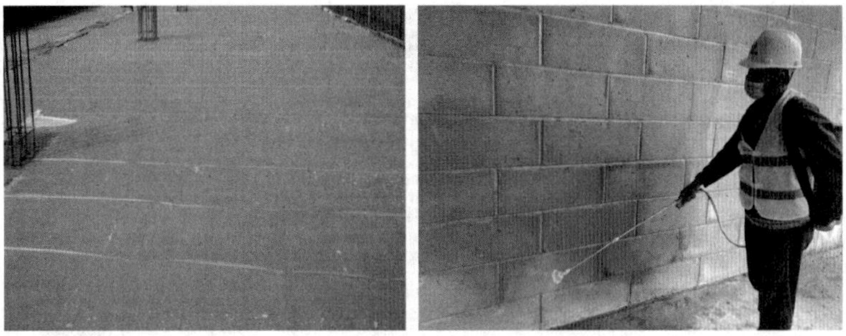

图 6.4-27　养护措施

5. 节能与能源利用

（1）对生产区、生活区、办公区分别安装电表以单独计量，通过智慧管理平台能源监测子系统收集用电数据，建立用电统计台账进行能耗分析。如图 6.4-28 所示。

施工阶段及区域	万元产值	
整个施工阶段	≤68kw·h/万元产值	
基础施工阶段	65kw·h/万元产值	施工用电：62kw·h/万元产值
		办公生活用电：3kw·h/万元产值
主体结构施工阶段	71kw·h/万元产值	施工用电：65kw·h/万元产值
		办公生活用电：6kw·h/万元产值
装饰装修施工阶段	68kw·h/万元产值	施工用电：63kw·h/万元产值
		办公生活用电：5kw·h/万元产值

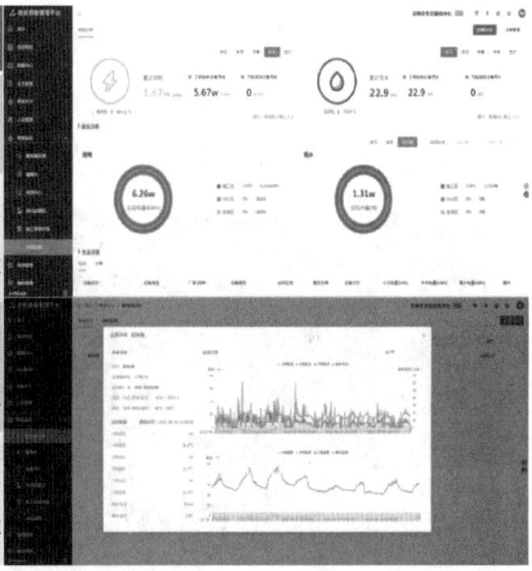

图 6.4-28　能耗统计分析

（2）办公区及生活区室内照明采用节能型灯具，空调、打印机等设备选用一级能效设备。浴室设置太阳能热水器，节约用电。如图 6.4-29 所示。

图 6.4-29　节能设施

（3）选用高性能变频塔吊以及集调直、切断为一体的钢筋加工机械，并定期对机械设备进行保养维护，这样既能提高工效，又能降低能耗。如图 6.4-30 所示。

节能型设备使用登记表

序号	设备名称	规格型号	数量	性能介绍
1	塔吊	QTZ80	6台	具有起升、回转、变幅、顶升四种工作机构，可单独或复合动作，可以获得较高的工作效率。起升机构采用变频多速电机，有快速、中速和慢就位多种速度，充分满足各种工况的需要，节能效果显著。
2	智能无机头弯箍板筋一体机	GR-6-16	2台	该设备采用伺服电机驱动和齿轮齿条传动并有两个弯曲中心，能同时或正反弯曲各种形状箍筋，大大提益及工作速度；电控采用PLC可编程控制，可实现故障自动识别、图形编辑、技术等功能。具有一机多用、智能控制、产品一次成型、能耗低、生产效率高、实用性强，工作中是连续成型几乎无钢筋料头损失。
3	（数控）液压钢筋调直切断机	YGT4-12/14/16	2台	全自动数控液压钢筋调直机采用了国内先进的切断技术，操作方便微电脑控制，自动输送、调直、切断；电子数字尺；多批次同时输入长度及数量，电脑储存记忆，高效方便；运行平稳，性能稳定，故障率低，噪声小、低能耗。
4	钢筋切断机	GQ40	2台	钢筋切断机体积小、质量轻、结构紧凑、坚实可靠；采用箱式封闭结构，齿轮飞溅润滑，润滑性能好；因润滑条件的改善，齿轮轴端采用滚动轴承，阻力小，与同类切断机相比同负载时功率损耗可降低三分之一；四轮着地，机动灵活，稳定可靠，维修使用方便。
5	数控锯床	YRD4240	2台	采用智慧型人机界面、高效节能控制器以及精密光栅控制，送料精度高、锯切平稳可靠。自动化送料、下料、测量、夹紧、出料、生产效率较普通带锯床可提高3～5倍。
6	直螺纹套丝机	GBL-40L	4台	机械连接的钢筋轴线保持一致、钢筋受力均匀，等强连接的接头强度一般都比母材高，并且耗电少，无明火作业，不污染环境和钢筋，缩短工期。
7	电焊机	BX1-315	6台	采用软开关IGBT逆变技术，逆变频率20kHz，动态性能好。适合于各种碱性和酸性焊条，特别针对纤维素和低氢焊条进行了优化设计。数字显示焊接电流和焊接电压，并具有预置焊接电流显示功能。具有过热、过压、欠压、过流等保护功能。
8	振动棒	70MM-4M	6台	具有结构紧凑、体积小、重量轻、噪声低、振幅小、频率高，并可进行调节等优点。

图 6.4-30　高效设备

（4）办公区的板房采用全封闭镀膜玻璃，这种玻璃能够阻止太阳热辐射进入室内；外窗采用遮阳帘，其隔热效果明显。如图 6.4-31 所示。

图 6.4-31　办公区节能措施

（5）施工区的走廊、楼道采用 LED 节能灯带照明，LED 灯带不仅使用寿命长，而且具有高光效、高节能、安全性高的优点；加工厂区则采用太阳能路灯。如图 6.4-32 所示。

图 6.4-32　节能照明

（6）本项目充分利用清洁能源及可再生资源，积极践行“绿色节能”的发展理念，以确保资源的合理使用，保护环境。如图 6.4-33 所示。

图 6.4-33 屋面太阳能热水及光伏一体化

6. 节地与土地资源保护

（1）本工程的各建设手续齐全，临时用地的范围与用地审批手续相符，如图 6.4-34 所示。

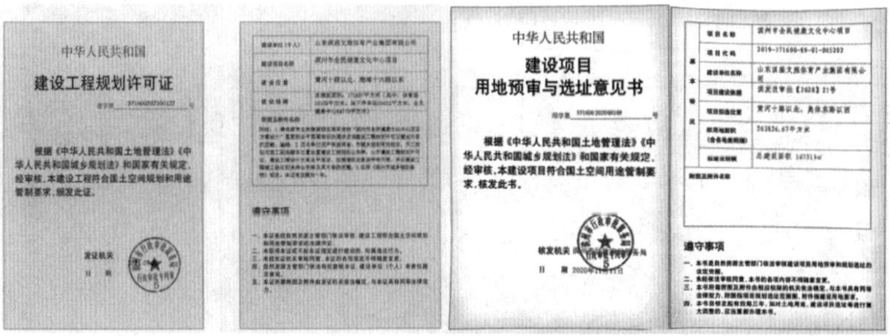

图 6.4-34 建设手续

（2）运用 BIM 技术对施工现场进行整体规划，针对临水、临电、道路等进行统一部署，合理地划分办公区、生活区、生产区，以立体的形式展现施工现场布置情况，如图 6.4-35 所示。

图 6.4-35 施工现场布置情况

（3）优化深基坑支护施工方案，通过专家论证，选择最佳支护方式，减少土方的开挖量和回填量。如图 6.4-36 所示。

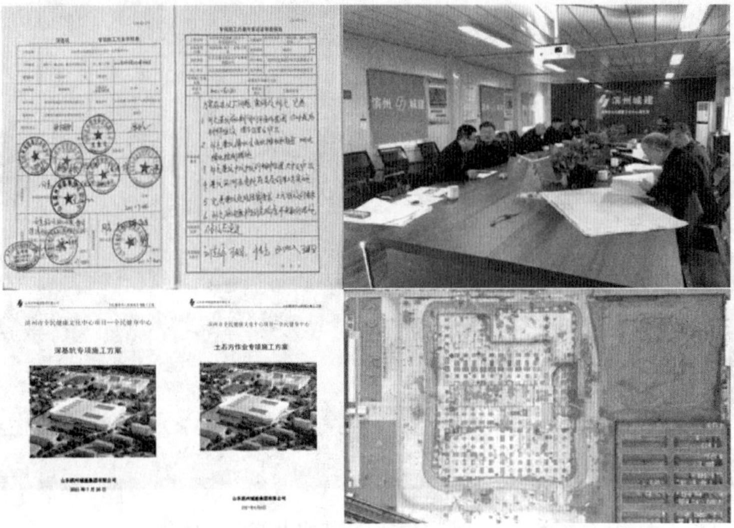

图 6.4-36　深基坑论证

（4）合理规划现场施工道路，利用原有道路作为施工道路或路基，如图 6.4-37 所示，减少费用的投入；同时，在临时道路拆除后，把所产生的建筑垃圾破碎后进行回收利用。

图 6.4-37　原有道路利用

（5）把施工现场北侧的空地作为弃土临时用地，如图 6.4-38 所示，并对其进行全面覆盖，这样能够减少土方开挖及回填时的运输距离。

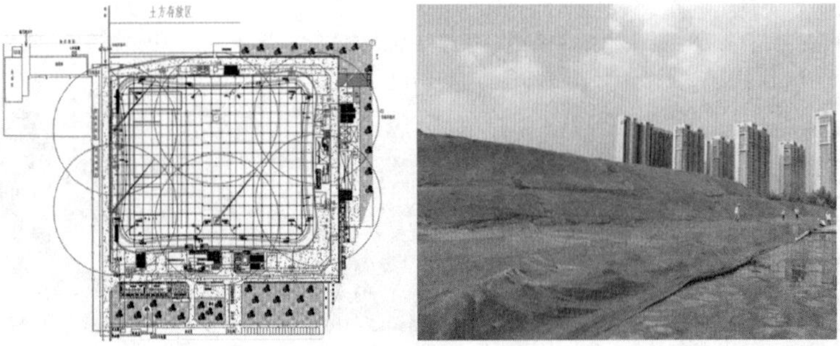

图 6.4-38　弃土堆放

(6) 建立防止水土流失的管理制度及措施，针对裸露的土地采用植被绿化的方式，以减少水土流失。如图 6.4-39 所示。

图 6.4-39　场地绿化

7. 人力资源节约与职业健康安全

(1) 项目部根据工程的实际情况，制定危险源识别与防范措施，并编制人员健康、施工现场卫生突发事件应急预案。如图 6.4-40 所示。

图 6.4-40　职业健康与安全

(2) 施工现场实行封闭式管理，上岗工人进入施工现场实行人脸识别，系统自动建立实名制台账；特殊工种全部持证上岗。如图 6.4-41 所示。

(3) 在施工现场设置医务室，配备必要的医疗设备、常用药品及急救设备，并定期对工人进行体检。如图 6.4-42 所示。

(4) 施工现场的职业安全措施到位，个人防护装备配备齐全，在危险作业环境下个体防护装备的配置率达到 100%。如图 6.4-43 所示。

图 6.4-41　实名制管理

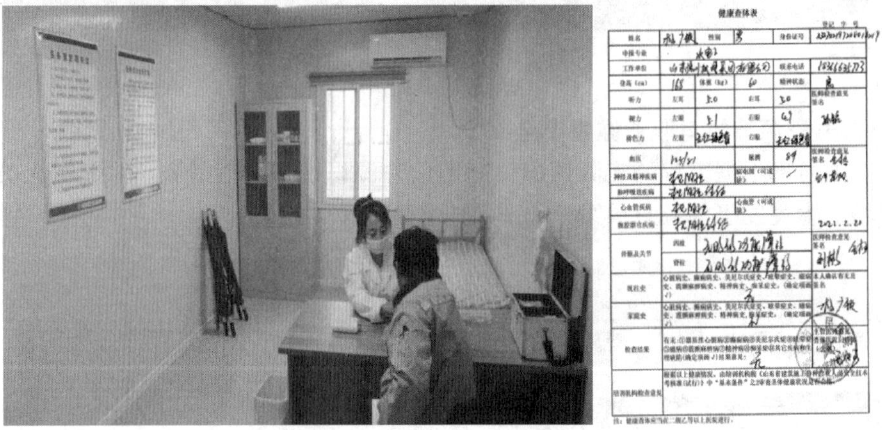

图 6.4-42　现场设置医务室

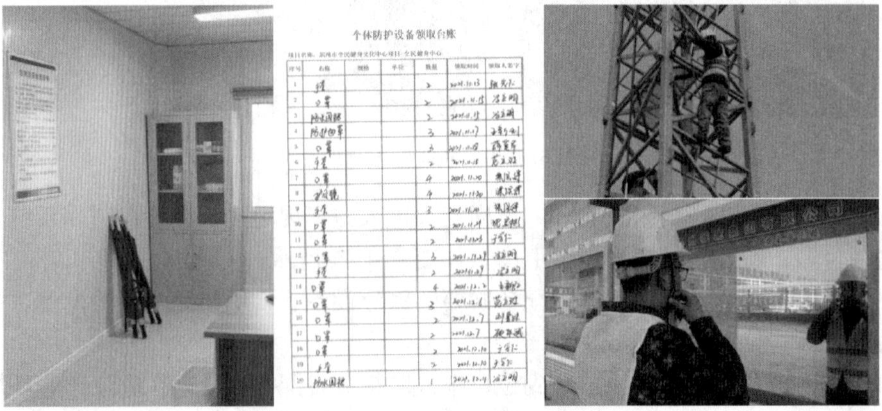

图 6.4-43　个体防护

(5) 办公区与生产区分开设置，如图 6.4-44 所示，双层轻钢活动板房布置紧凑、合理，重复使用率高，员工宿舍满足 2.5m²/人的使用面积要求。

图 6.4-44　办公区设置

6.5　绿色交付

借助 BIM 技术，将三维模型及各工序详细数据汇总结合，完成数字化交付材料，如图 6.5-1 所示。

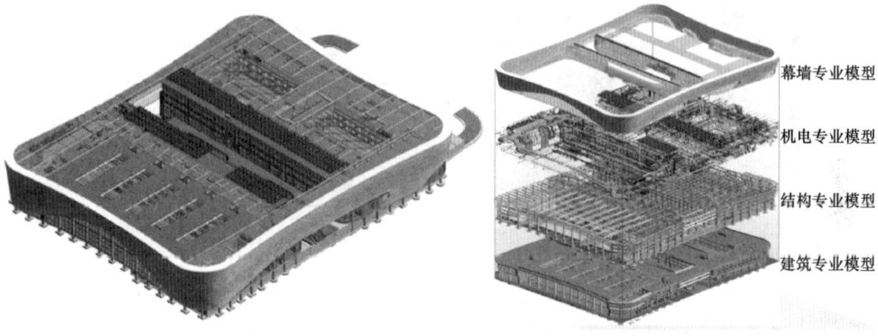

图 6.5-1　交付模型

6.6　创新技术

1. 无人机巡查应用——安全文明施工预警预测

通过航线规划软件添加航点任务以自动拍摄采集数据，可实现每日执行多次任务，如图 6.6-1 所示。该技术可辅助工程现场的安全文明施工检查，辅助规范作业、明确事故定责并进行回溯，助力项目现场常态化、全方位无死角管控。此技术可用于安全文明施工巡检，对施工过程中的状态、行为进行巡检管理。如针对裸土覆盖、围板、塔吊、幕墙施工等重点位置进行监控管理，有效弥补摄像头监控存在的盲区，对于重点施工隐患区域，能够及时推送预警信息。

图 6.6-1　无人机巡检

2. 无人机倾斜摄影+ContextCapture Center Master 软件自动测绘技术

在 Rainbow 航线规划软件添加倾斜摄影任务后自动拍摄采集数据，再通过 Context Capture Center Master 软件开启模型重建任务，从而构建出高精度二维正射影像与三维实景模型。通过工程数据依托实景模型，实现了土方量快速计算与分析、工程进度动态查看与对比。如此，便可以无死角地掌握项目现场信息。较传统测量相比，测量效率提升 60%，准确率提升 30%，从而大幅提升了项目精细化管理水平，提高了多方沟通效率，降低了项目建造成本。如图 6.6-2 所示。

大疆无人机　　**自动化拍摄文件**

图 6.6-2　无人机倾斜摄影+软件自动测绘技术

6.7　亮点经验

在绿色建造过程中，我们注重加强宣传和教育工作，致力于提高公众的环保意识。为此，我们定期举办环保宣传活动，向居民宣传绿色建造的理念和做法。同时，我们还积极邀请公众参与绿色建造的监督和评价，以共同推动绿色建造事业的发展。

通过实施绿色建造各项措施，以及广泛应用建筑业新技术和绿色建材，建筑的能源利用率提高了 30%，并使二氧化碳等温室气体排放量减少了 10%以上，节约建造成本 408.62 万元。此外，项目还形成《酒店植物园种植屋面施工工法》等市级工法 8 项、《大跨度梭形张悬梁施工工法》等省级工法 5 项、《一种充分利用空间且便于维护通行的装配式机房》等实用新型专利 6 项、《提高屋面钢结构基础预埋预留一次验收合格率》等省级 QC 成果 5 项、《地下室超长大体积混凝土基础跳仓法施工技术》等科技创新成果 4 项、发表论文 2 篇。荣获“华东地区建筑施工安全生产标准化工地”“山东省优质结构”“山东省建设工程项目施工工地安全生产标准化学习交流项目”“山东省住房城乡建设系统重点工程“聚焦‘双碳’目标 聚力新型建造”创新创优劳动竞赛优胜项目，以及“山东省数字建造技术创新应用大赛一等奖”“山东省三星级智慧工地建设典型案例”“全国建设行业 BIM 大赛一类成果”“山东省建筑业新技术应用创新竞赛一等奖”“二星级绿色建筑标识”“山东省绿色施工科技项目”等 40 余项省部级奖项，如图 6.7-1 所示。

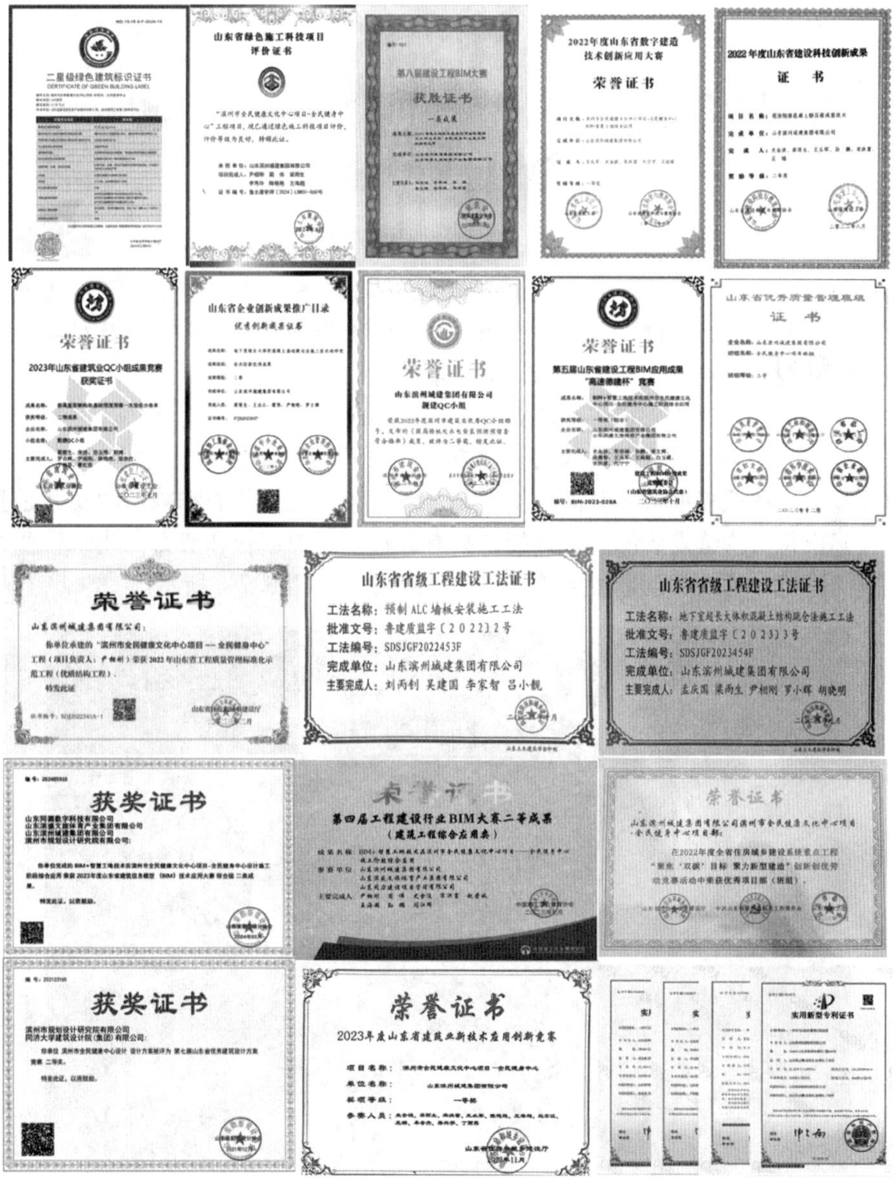

图 6.7-1　省部级奖项

项目先后接待了“滨州市主城区在建工地扬尘治理工作观摩活动”“滨州市在建工程安全生产及绿色施工观摩活动”等大小 20 余次观摩活动。这些观摩活动累计观摩人数达 400 余人次，获得《鲁北晚报》《滨州网》等当地主流媒体的专题报道，得到了业界广泛好评，进一步提升了企业形象及市场竞争力。如图 6.7-2 所示。

图 6.7-2　观摩活动及报道

项目积极推广绿色建造方式，在生态环保、节能减排方面取得了显著的成效。通过加强建筑绿色节能设计、推广新技术应用和绿色施工管理，项目在建设及投入运营阶段均实现了降低能耗、减少排放的目标，为环境保护做出了积极贡献。然而，我们也意识到，在建筑行业绿色建造方式仍面临诸多挑战，如技术研发不足、措施落实不到位等。因此，我们应继续加大对节能技术的研发投入，加强建造全过程的监督与管理力度，以推动建筑行业更加积极地参与节能减排工作。致力于绿色、节能和减排的实践是我们的社会责任，也是可持续发展的必然选择。只有通过不断地创新和努力，建筑行业才能真正实现节能减排，为人类创造更加美好的生活环境。如图 6.7-3 所示。

图 6.7-3　绿色建造成果

第 7 章　环翠区公共文化服务中心（一期）项目 1# 楼工程

7.1　工程概况

环翠区公共文化服务中心（一期）项目 1# 楼工程位于威海市羊亭镇，S301 以南，成大路以北，如图 7.1-1 所示。该工程类型为办公楼，由威海市环翠区城市发展投资有限公司负责开发，威海建设集团股份有限公司施工总承包，工程造价约 2 亿。此楼地下一层，地上五层，建筑高 27.8m，楼体长 123.2m，楼宽 84.8m，总建筑面积 59110.19m^2。其基础设计等级为甲级，基础类型为独立基础＋防水底板，主体结构类型为框架结构，结构抗震等级为二级（跃层柱为一级），抗震设防烈度 7 度，地下防水等级一级。楼内部设置了新时代文明实践展示体验馆、应急指挥中心、城市书房（图书馆）、档案馆、城市会客厅等场馆。该工程建造重难点：工程门厅部位包含了 16.2m 超高模架，外造型复杂的悬挑部位，挑板最大悬挑长度达 9m，全楼主梁采用了后张法预应力施工。本工程周边环境，北侧为羊亭镇烈士陵园公园，南侧为住宅楼，东侧为在建的 2# 楼工程，西侧为空旷场地。1# 楼于 2019 年 12 月 12 日开工，2023 年 10 月竣工交付。工程质量目标是保“泰山杯”，争创“国优”。

图 7.1-1　环翠区公共文化服务中心鸟瞰图

7.2 绿色策划

1. 策划管理

项目各参建单位共同编制了项目总体绿色策划方案，明确绿色建造总体目标以及资源节约、环境保护、减少碳排放、品质提升、职业健康安全等分项目标，如图 7.2-1 所示。该方案包括了绿色设计策划、绿色施工策划、绿色交付策划等内容，并确定拟达到的绿色分项指标。方案编制列席人员均进行签到记录，方案编制完成后，针对方案内容进行了有针对性的方案交底。

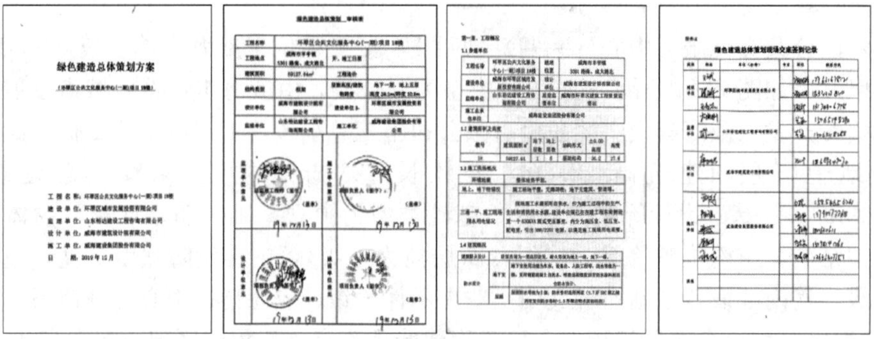

图 7.2-1 绿色建造总体策划方案

2. 绿色施工策划

施工单位按现行山东省工程建设标准《建筑与市政工程绿色施工管理标准》DB 37/T 5086 规定，编制了绿色施工策划，明确了绿色施工目标、指标，制定了绿色施工措施，如图 7.2-2 所示。

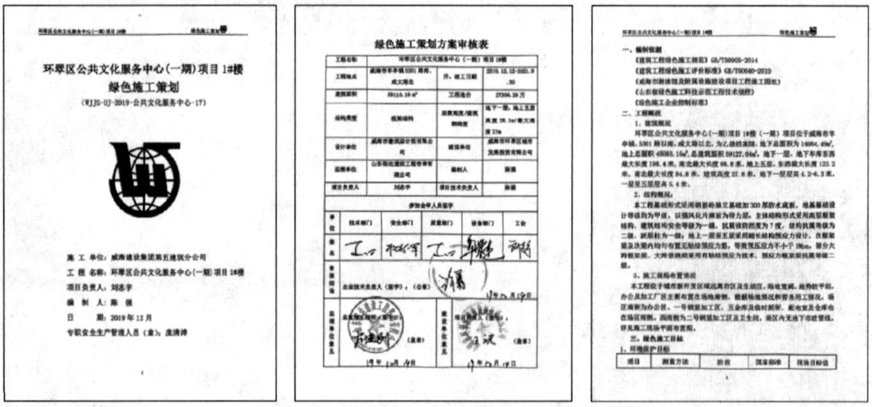

图 7.2-2 绿色施工策划

3. 绿色交付策划

施工单位编制了绿色建造项目的交付内容及交付标准，明确各阶段责任主体、交付成果及综合效能调试和绿色建造效果评估内容和方式。此外，还编制了数字化交付标准和方案，如图 7.2-3 所示。

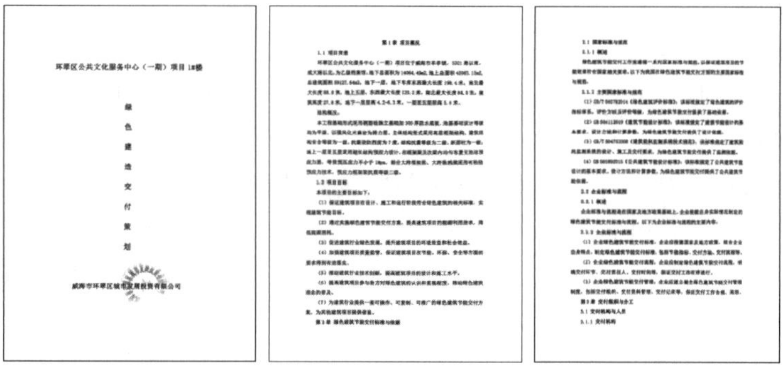

图 7.2-3　绿色交付策划

7.3　绿色设计

为了给人们提供健康、舒适、安全的居住、工作和活动的空间，施工单位实现高效率地利用资源、最低限度地影响环境，施工单位重点关注节能、节地、节水、节材、室内环境质量和运营管理等要素，注重在这些方面通过采用符合可持续发展理念的技术，降低对环境的影响。本工程设计达到绿色建筑二星级设计标识要求。如图 7.3-1 所示。

本项目用地符合城乡规划要求，土壤氡浓度满足《民用建筑公测室内环境污染控制规范》GB 50325—2010 的要求，场地内无超标污染源，满足《民用建筑设计通则》的相关要求。

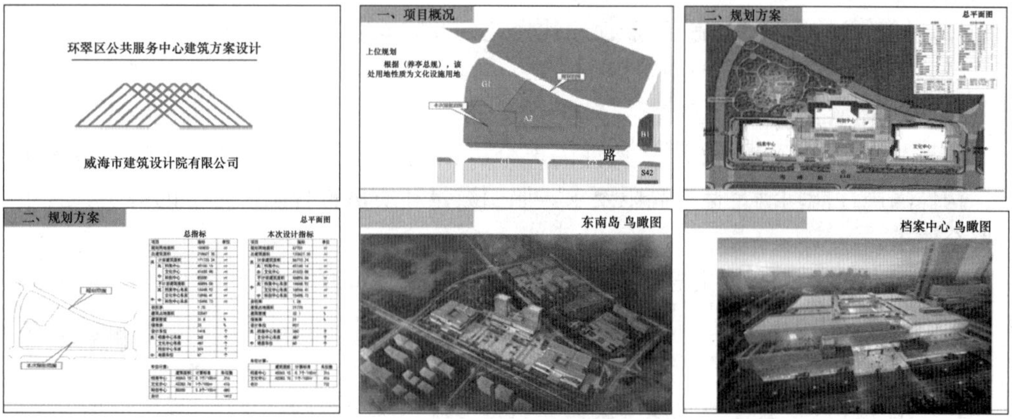

图 7.3-1　绿色设计方案、地貌及设计效果图

1. 节地设计

（1）参评范围容积率为 1.70%。

（2）入口 500m 范围内配建 2 个公交站点，设有 2 条公交线路。

（3）场地内人行通道的设计执行《无障碍设计规范》。

（4）本项目包含档案馆、文化馆、科技馆等公共服务功能。

2. 节能设计

冷热需独立运行控制的空调房间设置采用多联式空调系统，档案馆、阅览室、展厅、中庭、会议及办公等共用冷源，设置两台磁悬浮变频离心机制冷，冬季供暖热水由市政热力管网间接供热。

（1）建筑朝向正南北向，供暖、通风与空调系统能耗降低幅度达 15.2%。

（2）玻璃幕墙可开启面积比为 10.35%。

（3）项目多联式空调（热泵）机组制冷综合性能系数较《公共建筑节能设计标准》GB 50189—2015 规定值提高 20.5%。

3. 节水设计

本工程制定了《水规划方案》，提供节水效率不低于二级的节水器具保证书，并合理设置绿色雨水基础设施。

（1）本工程按照用途设置用水水表。

（2）项目绿化灌溉采用节水灌溉方式，车库冲洗接入市政中水管网。

（3）给水支管安装减压阀，保证用水点供水压力不大于 0.20MPa。

（4）用水效率等级达到二级。

4. 节材设计

本工程主要结构类型为框架结构，全部使用预拌混凝土和砂浆，建筑造型简约，无大量装饰性构件。

（1）提供了《地基基础》《结构体系》《结构构件》优化报告，共采用高强度钢用量为 7851.78 吨，节约钢材总用量为 1020.73 吨，减少标煤用量为 612.44 吨，减排二氧化碳量为 2041.46 吨，达到节材效果。

（2）经计算，本工程高强钢筋使用比例达到 99.05%。

（3）本项目无明显装饰性构件。

5. 室内环境

项目《环评》《噪声分析》《构件隔声分析》报告显示，主要功能房间的室内噪声级、构件隔声性能均满足标准高限要求，照明数量和质量符合国家标准的规定，且不结露符合要求。

（1）根据《噪声分析报告》显示，本项目主要房间的昼夜间室内噪声值分别为 34dB（A）、24dB（A），达到允许噪声级的高要求标准。

（2）建筑构件达到隔声性能高要求标准限值。

（3）地下车库设置一氧化碳浓度监测装置与排风设备联动。

6. 创新项

（1）磁悬浮离心冷水机组制冷性能系数提高 20.5%。

（2）空调机组设置初效、中效过滤器、冷（热）盘管、全热回收段。

（3）可绿化屋顶全部进行屋顶绿化。

7. 绿色设计热工性能及活动配件的模块化

建筑门窗、幕墙、围栏及其配件的力学性能、热工性能和耐久性等应符合相应产品标准规定，并满足设计使用年限要求，如图 7.3-2 所示。

环翠区公共文化服务中心（一期）项目1#楼
公共建筑围护结构热工设计汇总表

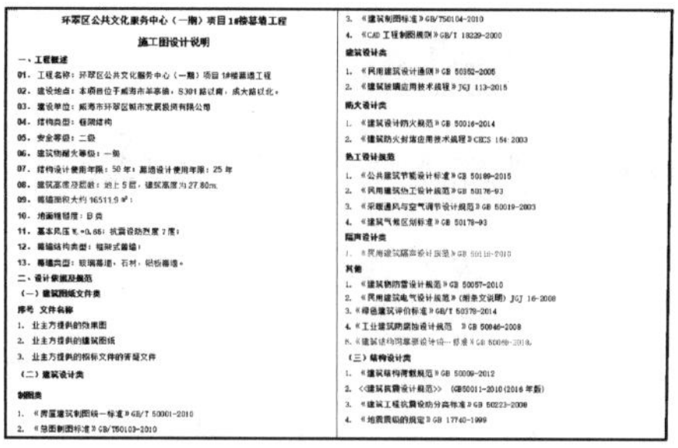

环翠区公共文化服务中心（一期）项目1#楼幕墙工程

施工图设计说明

一、工程概述

01. 工程名称：环翠区公共文化服务中心（一期）项目 1#楼幕墙工程

02. 建设地点：本项目位于威海市羊亭镇，S301 路以南，成大路以北。

03. 建设单位：威海市环翠区城市发展投资有限公司

04. 结构类型：框架结构

05. 安全等级：二级

06. 建筑物耐火等级：一级

07. 结构设计使用年限：50 年；幕墙设计使用年限：25 年

08. 建筑高度及层数：地上 5 层，建筑高度为 27.80m.

09. 幕墙面积大约 16511.9 ㎡；

10. 地面粗糙度：B 类

11. 基本风压 W。=0.65；抗震设防烈度 7 度；

12. 幕墙结构类型：框架式幕墙；

13. 幕墙类型：玻璃幕墙，石材，铝板幕墙。

二、设计依据及规范

（一）建筑图纸文件类

序号　文件名称

1. 业主方提供的效果图
2. 业主方提供的建筑图纸
3. 业主方提供的招标文件的答疑文件

（二）建筑设计类

制图类

1. 《房屋建筑制图统一标准》GB/T 50001-2010
2. 《总图制图标准》GB/T50103-2010
3. 《建筑制图标准》GB/T50104-2010
4. 《CAD 工程制图规则》GB/T 18229-2000

建筑设计类

1. 《民用建筑设计通则》GB 50352-2005
2. 《建筑玻璃应用技术规程》JGJ 113-2015

防火设计类

1. 《建筑设计防火规范》GB 50016-2014
2. 《建筑防火封堵应用技术规程》CECS 154: 2003

热工设计规范

1. 《公共建筑节能设计标准》GB 50189-2015
2. 《民用建筑热工设计规范》GB 50176-93
3. 《采暖通风与空气调节设计规范》GB 50019-2003
4. 《建筑气候区划标准》GB 50178-93

隔声设计类

1. 《民用建筑隔声设计规范》GB 50118-2010

其他

1. 《建筑物防雷设计规范》GB 50057-2010
2. 《民用建筑电气设计规范》（附条文说明）JGJ 16-2008
3. 《绿色建筑评价标准》GB/T 50378-2014
4. 《工业建筑防腐蚀设计规范》GB 50046-2008

（三）结构设计类

1. 《建筑结构荷载规范》GB 50009-2012
2. <<建筑抗震设计规范>>　(GB50011-2010(2016 年版)
3. 《建筑工程抗震设防分类标准》GB 50223-2008
4. 《地震震级的规定》GB 17740-1999

图 7.3-2　绿色设计门窗、幕墙设计标准图

8. 绿色设计标准化构件及装配式应用

天井部分设计采用钢结构及钢筋楼承桁架板，对装配式建筑构造节点、部品部件加工工艺深化设计采用标准化构件和部件，使用集成化模块化建筑部品，以降低运行维护成本。如图 7.3-3 所示。

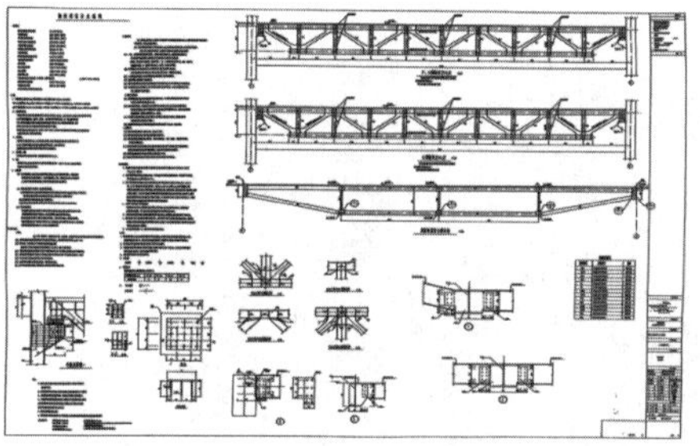

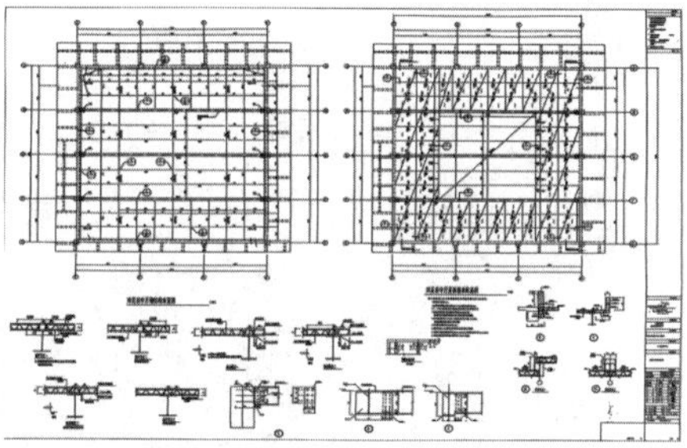

图 7.3-3　绿色设计标准化构件及装配式图纸

7.4　绿色施工

1. 施工管理

（1）项目部成立以项目经理为组长的绿色施工实施小组，负责项目部层面的绿施施工工作。项目工程师负责从技术、资金等方面进行策划并组织实施。同时，由分公司科室人员及外部专家组成专家组，与建设、设计、监理单位共同对项目部绿色施工工作进行监督、评价。如图 7.4-1 所示。

（2）绿色施工方案和施工组织设计按规定进行审批。专项方案和施工组织设计中施工管理、环境保护、资源节约、技术创新与应用等内容齐全，保障措施合理可行，并符合国家现行有关标准的要求。如图 7.4-2 所示。

（3）施工现场实行封闭管理，现场出入设门卫室，场地四周采用围挡封闭。如图 7.4-3 所示。

（4）施工中，项目部结合工程项目的特点，有针对性地对绿色施工工作进行相应的宣传，营造绿色施工的氛围。现场绿色施工标识齐全，标识内容符合环境保护、资源节约的要求。如图 7.4-4 所示。

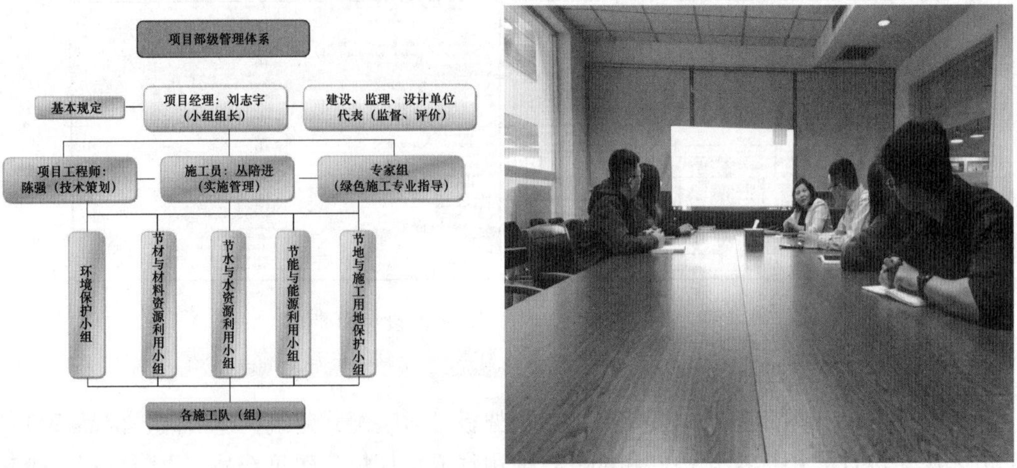

图 7.4-1　绿色施工督导小组

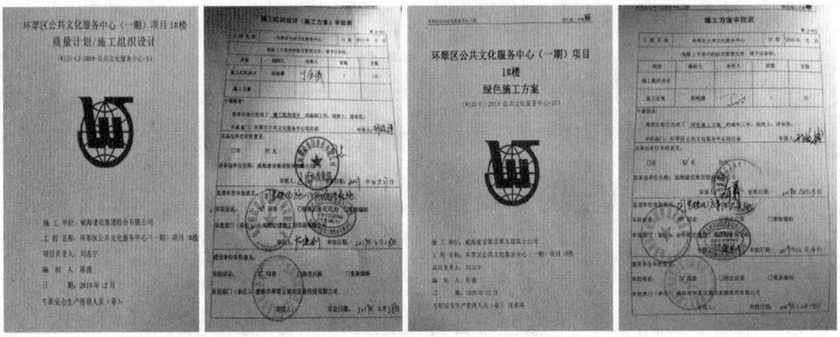

图 7.4-2　绿色建造专项施工方案

图 7.4-3　现场封闭式围挡

图 7.4-4　现场绿色施工宣传标语

（5）项目部按绿色建造培训计划表，组织全体管理人员进行绿色建造等培训学习。通过“职工夜校”组织各建设阶段分包参建工人学习项目《绿色施工交底》以及不同施工阶段的绿色施工措施。如图 7.4-5 所示。

图 7.4-5　绿色施工培训、学习

（6）各项施工合同、技术交底中的绿色施工内容明确，相关人员签字齐全，并签订目标责任书。如图 7.4-6 所示。

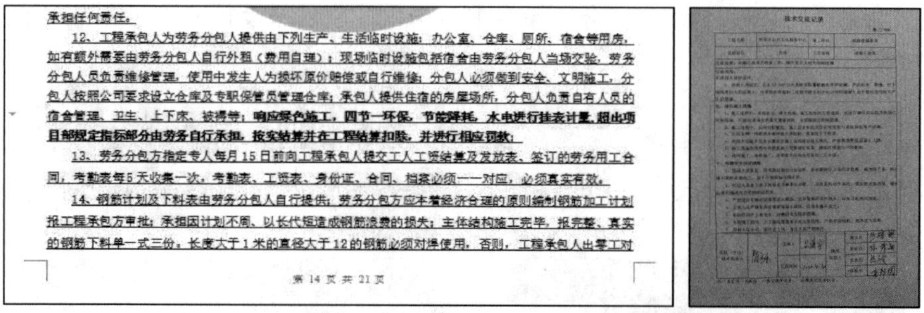

承担任何责任。

12、工程承包人为劳务分包人提供由下列生产、生活临时设施：办公室、仓库、厕所、宿舍等用房，如有额外需要由劳务分包人自行外租（费用自理）；现场临时设施包括宿舍由劳务分包人当场交验，劳务分包人员负责维修管理，使用中发生人为损坏原价赔偿或自行维修；分包人必须做到安全、文明施工，分包人按照公司要求设立仓库及专职保管员管理仓库；承包人提供住宿的房屋场所，分包人负责自有人员的宿舍管理、卫生、上下床、被褥等；**响应绿色施工，四节一环保，节能降耗，水电进行挂表计量，超出项目部规定指标部分由劳务自行承担，按实结算并在工程结算扣除，并进行相应罚款；**

13、劳务分包方指定专人每月 15 日前向工程承包人提交工人工资结算及发放表、签订的劳务用工合同，考勤表每 5 天收集一次，考勤表、工资表、身份证、合同、档案必须一一对应，必须真实有效。

14、钢筋计划及下料表由劳务分包人自行提供；劳务分包方应本着经济合理的原则编制钢筋加工计划报工程承包方审批；承担因计划不周、以长代短造成钢筋浪费的损失；主体结构施工完毕，报完整、真实的钢筋下料单一式三份。长度大于 1 米的直径大于 12 的钢筋必须对焊使用，否则，工程承包人出零工对

第 14 页 共 21 页

图 7.4-6　施工合同及技术交底中明确绿色施工内容

（7）项目成立专业指导委员会，每季度进行一次自我评价，每阶段出具评估报告。如图 7.4-7 所示。

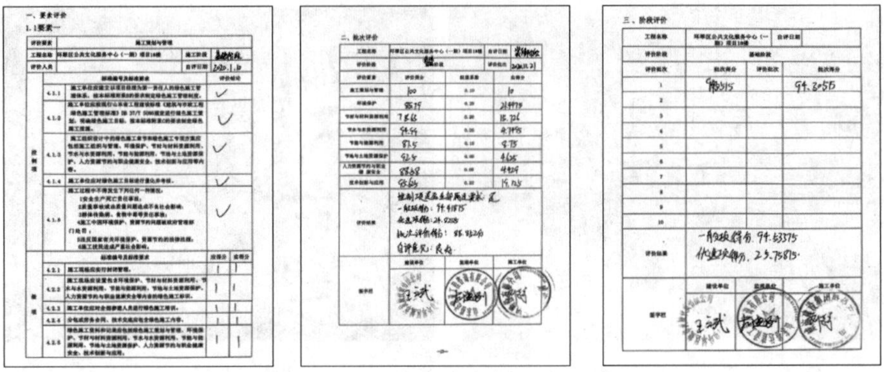

图 7.4-7　绿色施工评估报告

2. 环境保护

（1）施工单位调查施工现场及毗邻区域内人文景观、基础设施管线分布情况，并采取保护措施。对施工现场人文景观、古树名木、文物、工程地质、基础设施管线分布等出具调查报告，制定地下文物资源保护应急预案。如图 7.4-8 所示。

图 7.4-8　文物保护方案及现场原有植被保护情况

（2）施工现场设置扬尘监测仪进行实时监测，并配置相关降尘措施，确保施工场界空气质量指数 PM2.5、PM10 符合环保要求。扬尘控制措施及检查记录齐全、有效，如图 7.4-9 所示。

图 7.4-9　现场扬尘监测、降尘措施及降尘记录

（3）在施工现场主要进出口设置车辆冲洗设备，对进出场车辆进行清洗，如图 7.4-10 所示。

图 7.4-10　车辆冲洗设备及冲洗记录

（4）根据垃圾分类制定垃圾管理记录表，按工程进度以层为单位，派专人负责并记录垃圾管理情况。废弃物处理措施及记录齐全、有效，如图 7.4-11 所示。

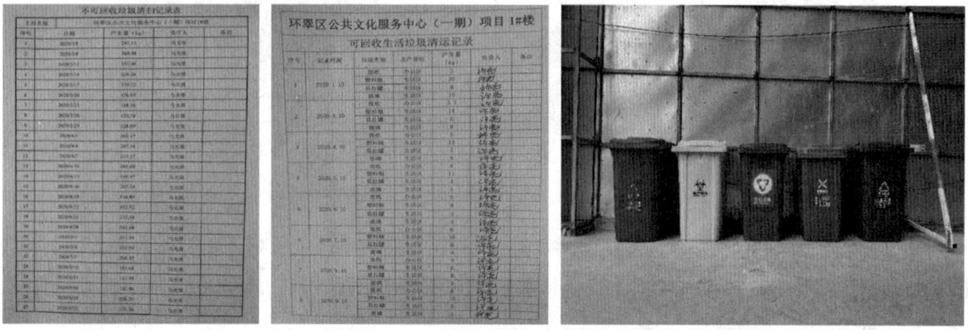

图 7.4-11　垃圾管理记录及垃圾分类

（5）施工现场高空垃圾清运严禁采用抛落的方式。高空垃圾清运措施到位，记录齐全、有效，如图 7.4-12 所示。

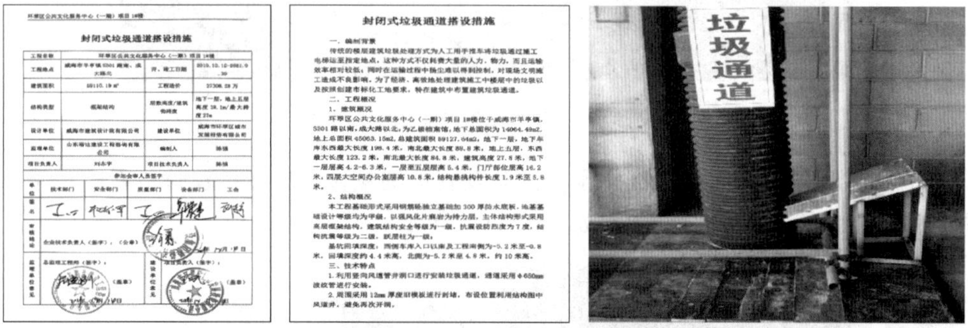

图 7.4-12　封闭式垃圾通道

（6）施工现场设置扬尘、噪声检测仪，实施检测现场噪声，确保昼间不应超过 70dB（A），夜间施工噪声不应超过 55dB（A）。各噪声监测点布置、监测设备、监测记录齐全、有效，如图 7.4-13 所示。

图 7.4-13　现场噪声监控

（7）施工现场针对不同的污水处理方式，设置相应的处理设施沉淀池、化粪池、移动厕所等，如图 7.4-14 所示。对现场油料进行集中保管，油料库做好防渗、污、漏处理。生活污水通过暗沟排放，雨水经地面找坡由截水沟收集使用。

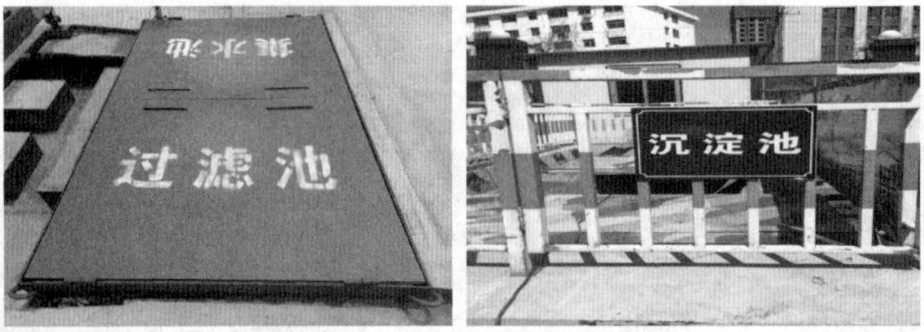

图 7.4-14　现场过滤池、沉淀池

（8）运送土方、渣土、垃圾及易散落、飞扬、流漏的建筑材料的车辆采取封闭或遮盖措施。施工现场进行场地硬化，裸土部分进行了百分百覆盖，如图 7.4-15 所示。

图 7.4-15　车辆封闭运输及裸土覆盖

（9）施工现场使用袋装水泥、预拌砂浆及其他细颗粒、易飞扬建筑材料时，采取密闭防尘库存放，余料应及时回收，如图 7.4-16 所示。

图 7.4-16　防尘密闭仓库

（10）施工现场机械设备有害气体排放应符合现行国家标准《大气污染物综合排放标准》GB 16297 的要求。施工现场采取电焊烟气排放减量化措施，集中焊接应有焊烟净化装置，如图 7.4-17 所示。

图 7.4-17　严格控制有害气体排放

（11）夜间室外照明灯加设灯罩，照射方向应集中在施工范围。电焊作业采取遮挡措施，有效减少光污染，如图 7.4-18 所示。

图 7.4-18　采用避光措施，有效减少光污染

（12）厕所设置成品化粪池，委托专业公司定期清理，并做好清理记录，如图 7.4-19 所示。

图 7.4-19　现场采用成品化粪池

3. 节材与材料资源利用

（1）项目采取限额领料、建筑垃圾再生利用措施。限额领料记录台账和垃圾再生利用记录齐全、有效，如图 7.4-20 所示。

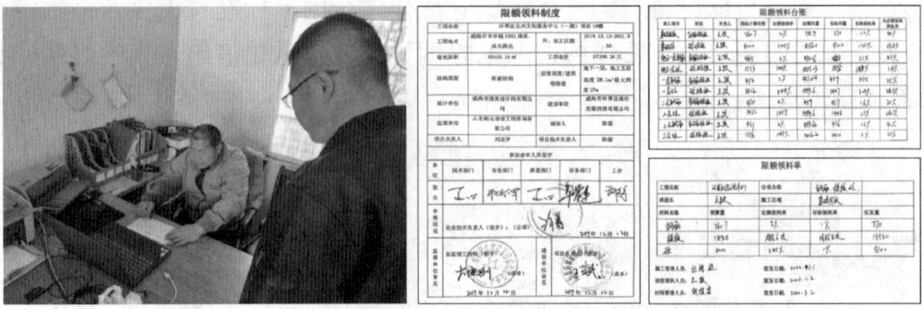

图 7.4-20　限额领料制度及台账记录

(2) 项目严格落实绿色设计要求，选用符合设计要求的绿色建材，如可再循环材料或可再利用材料，建立合格的供应方档案，如图 7.4-21 所示。

图 7.4-21　材料循环利用

(3) 临建设施与安全防护设施采用定型化、工具化、标准化设施，并采用可拆迁、可回收材料，重复使用率大于 70%，如图 7.4-22 所示。

图 7.4-22　定型化、工具化设施

(4) 项目材料运输、装卸与存放采取防止遗撒和损坏的措施，材料运输与装卸方案齐全，堆放储存保管设施和措施到位、有效，如图 7.4-23 所示。

(5) 项目采用 BIM 技术制定线材、管材、板材、块材的下料方案，定期汇总并计算材料损耗，如图 7.4-24 所示。

(6) 项目落地灰、混凝土余料及钢筋等材料及时清理、收集和再利用，材料再利用记录齐全，如图 7.4-25 所示。

图 7.4-23　材料运输、堆放、保管措施有效

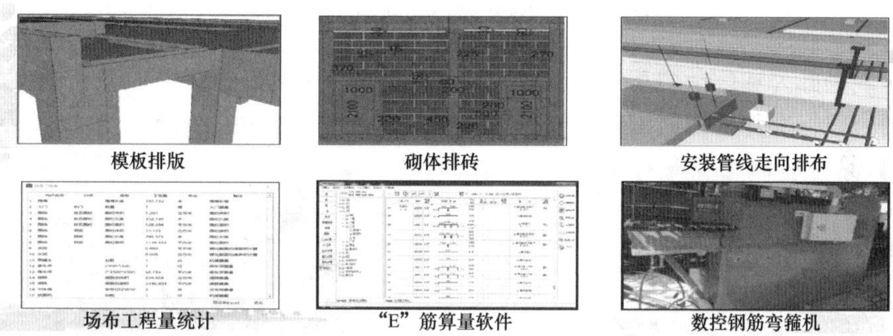

图 7.4-24　采用 BIM 技术制定下料方案

图 7.4-25　钢筋、混凝土废料利用

（7）框架柱、梁模板采用周转次数多的覆塑模板，地下车库采用免打孔工艺以减少模板废料数量，进而提高成型效果。采用强刚度的钢包木代替传统木方，以减少加固过

程中的弯折、切割以及材料损耗，如图 7.4-26 所示。

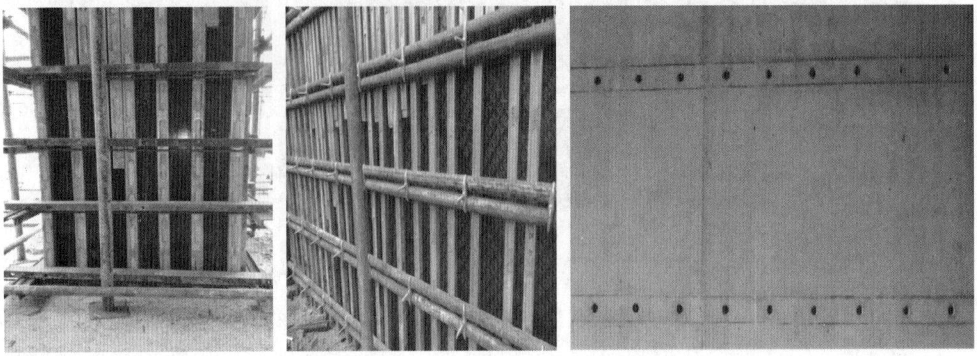

图 7.4-26　采用钢包木减少材料损耗

（8）现场办公和生活用房共计约 2800m²，全部采用周转式的活动房。施工现场围墙均采用公司标准化的钢质围墙，安装方便、可多次重复使用，如图 7.4-27 所示。

图 7.4-27　周转式活动板房及模块式围挡

（9）采用新型梁模板加固件，工厂化集中加工，可多次重复利用。相比传统加固方式，有效地节约了对拉螺栓、PVC 套管的使用量，如图 7.4-28 所示。

图 7.4-28　周转式梁模板加固件

（10）梁柱节点不同标号的混凝土采用可周转气囊封堵，代替传统的快易收缩网封堵，大大提高了成活观感，同时减少了材料损耗，避免人力资源浪费，如图 7.4-29 所示。

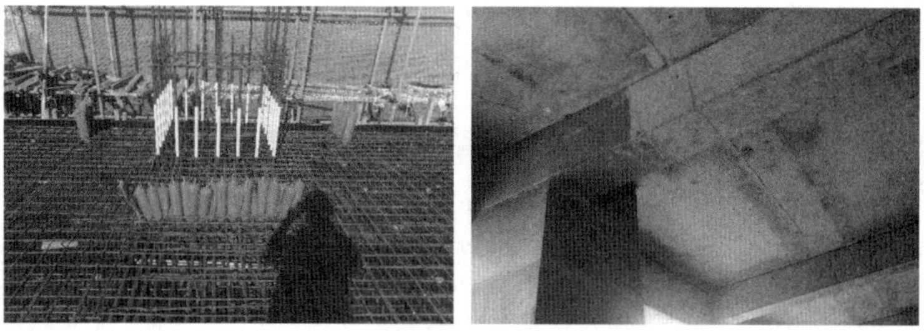

图 7.4-29　气囊封堵模块

4. 节水与水资源利用

（1）严格按评价阶段分别确定生活用水与生产用水指标和节水指标，并进行计量考核，如图 7.4-30 所示。

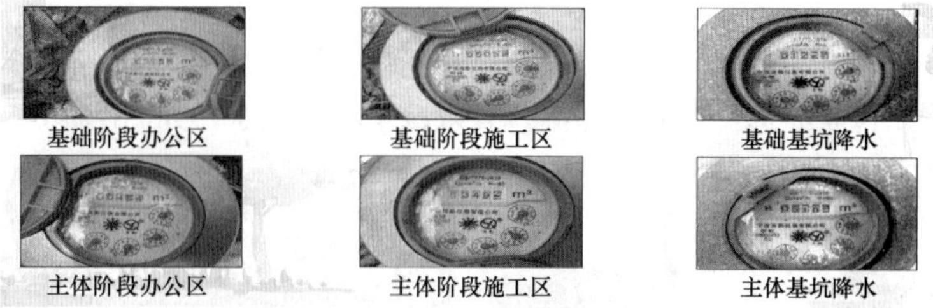

图 7.4-30　水表分区计量

（2）施工现场设置基坑降水收集水泵房及水箱，现场饮水采取集中供水，如图 7.4-31 所示。

图 7.4-31　现场临时水泵房

（3）施工现场均采用节水器具，节水器具配置率达 100%，如图 7.4-32 所示。

图 7.4-32　节水器具配备

（4）施工现场西侧设置 PDS 防护虹吸排水收集系统，进行雨水回收利用。雨水回收经沉淀池后，进入现场临时水泵房，用于喷淋降尘，如图 7.4-33 所示。

图 7.4-33　PDS 防护虹吸排水收集系统

（5）现场设置自动温湿度控制养护室，在确保养护室湿度的同时有效节约用水；混凝土浇筑后采用覆膜养护，保温、保湿，有效减少养护用水，如图 7.4-34 所示。

图 7.4-34　自动温控养护室及覆膜保湿节水

5. 节能与能源利用

（1）施工现场临时用电设计符合现行行业标准《施工现场临时用电安全技术规范》JGJ 46 的规定，方案编制内容齐全，有指导性，如图 7.4-35 所示。

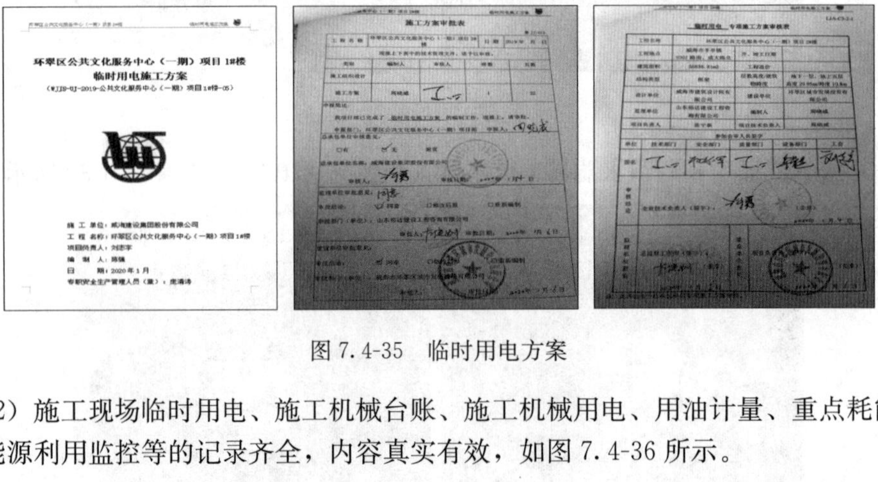

环翠区公共文化服务中心（一期）项目 1#楼
临时用电施工方案
（WJJS-GJ-2019-公共文化服务中心（一期）项目 1#楼-05）

施 工 单位：威海建设集团股份有限公司
工 程 名称：环翠区公共文化服务中心（一期）项目 1#楼
项目负责人：刘志宇
编 制 人：陈镇
日 期：2020 年 1 月
专职安全生产管理人员（签）：庞海涛

图 7.4-35　临时用电方案

（2）施工现场临时用电、施工机械台账、施工机械用电、用油计量、重点耗能机械设备能源利用监控等的记录齐全，内容真实有效，如图 7.4-36 所示。

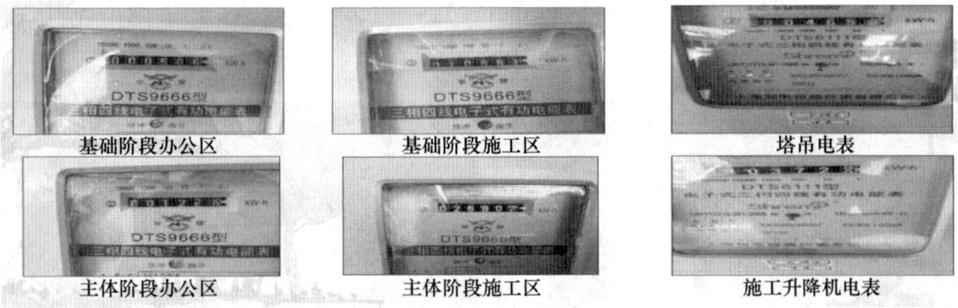

图 7.4-36　电表分区计量

（3）施工现场临时用房符合自然采光、通风和外窗遮阳的要求；复合墙体和屋面板热工性能达标；办公用房均进行吊顶处理。如图 7.4-37 所示。

图 7.4-37　临建办公区、生活区

（4）施工现场节能照明灯具使用率达到 100%，施工现场照明设计应以满足最低照度为原则，实际照度不大于最低照度的 1.2 倍。如图 7.4-38 所示。

图 7.4-38　节能照明灯具

（5）施工现场充分利用太阳能，在现场施工区域内设置太阳能路灯，并在生活区采用太阳能热水器。如图 7.4-39 所示。

图 7.4-39　太阳能路灯及太阳能热水器

（6）施工现场临时用电应配备自动控制装置，办公室、会议室空调均采用空气能设备，有效地节约了用电资源。如图 7.4-40 所示。

图 7.4-40 空气能

（7）其他用电节能设备的使用情况如图 7.4-41 所示。

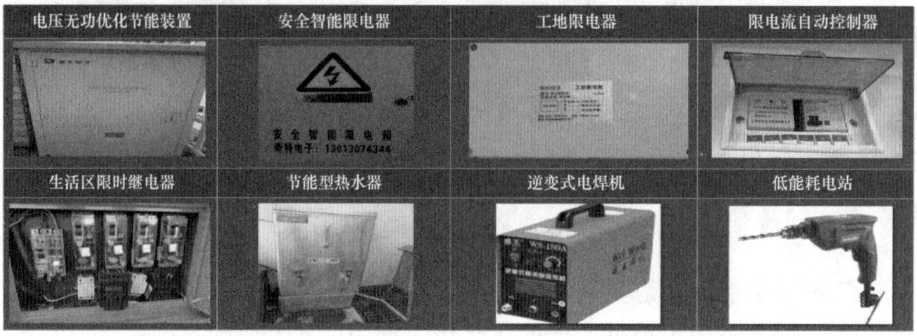

图 7.4-41 其他节能电器使用情况

6. 节地与土地资源保护

（1）施工用地审批手续齐全，施工现场平面布置合理、紧凑、满足施工要求，并根据工程进度实施动态调整。如图 7.4-42 所示。

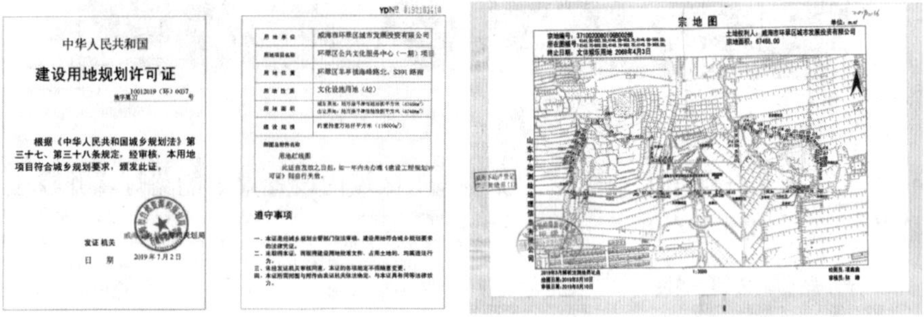

图 7.4-42 施工用地手续齐全

（2）场区施工道路采用混凝土硬化，施工现场应利用场内空地或荒地作为取弃土场的用地。另外，还采取了有效的防止水土流失的措施。如图 7.4-43 所示。

（3）施工现场根据设计图纸规划施工道路，并采用临永结合方式，有效节约了资源。同时，优化基坑护坡方案，有效减少了土方开挖范围。如图 7.4-44 所示。

图 7.4-43　场区道路硬化、荒地弃土利用

图 7.4-44　道路临永结合、基础护坡优化

（4）在施工用地范围内，原有的绿色植被得到妥善保护和合理利用，如图 7.4-45 所示。项目通过优化基坑支护及土石方工程方案，采取了减少开挖量和回填量的措施。

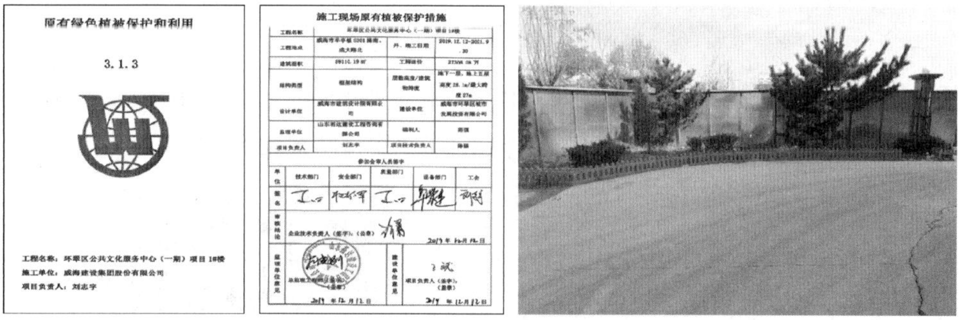

图 7.4-45　原有绿植保护

7. 人力资源节约与职业健康安全

（1）施工现场根据工程进度制订人力资源需求计划，提供了优质的卫生、健康的工作生活环境，如图 7.4-46 所示。

（2）项目组织辨识施工危险源，并编制人员健康、施工现场卫生突发事件应急预案。施工现场人员实行实名制管理，关键岗位人员应持证上岗，如图 7.4-47 所示。

图 7.4-46　食堂、餐厅、宿舍

图 7.4-47　实名制度及持证上岗

（3）项目采取施工场所公共卫生防控管理措施，并定期对员工进行体检，如图 7.4-48 所示。建立个体防护装备领用台账，危险作业环境下个体防护装备配置率达到 100%。

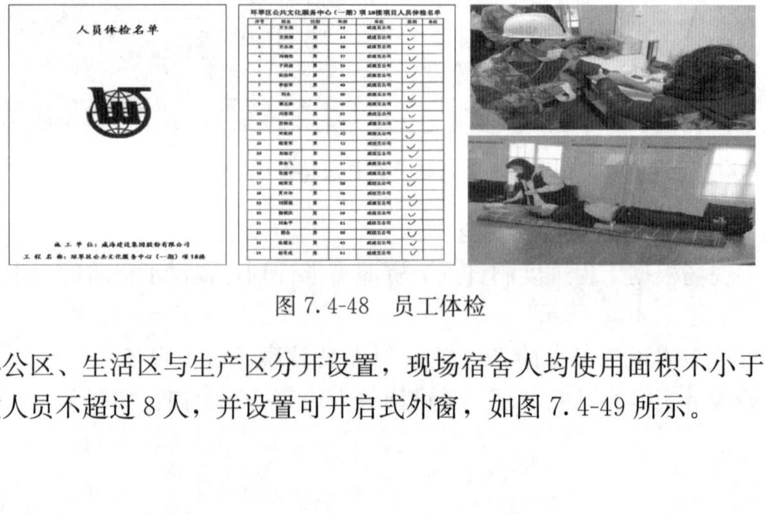

图 7.4-48　员工体检

（4）办公区、生活区与生产区分开设置，现场宿舍人均使用面积不小于 2.5m^2，每间宿舍居住人员不超过 8 人，并设置可开启式外窗，如图 7.4-49 所示。

图 7.4-49　办公区、生活区

（5）施工现场食堂有食品经营许可证；炊事员持有效的健康证；食堂设置单独的制作间、储藏间；采取食堂卫生、食材、饮用水、食品留样管理措施。如图 7.4-50 所示。

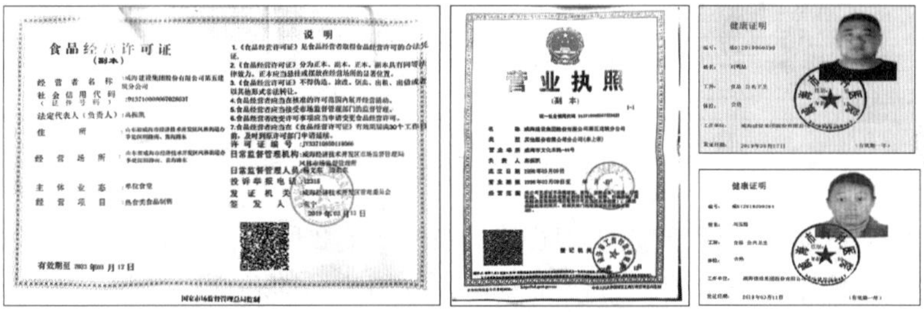

图 7.4-50　食堂营业执照及人员健康证

（6）施工现场配备医务室，医务室内配备常用药品和急救器材。各种药品、急救器材配置领用记录，且记录齐全。如图 7.4-51 所示。

图 7.4-51　医务室及药品

（7）新进场工人进行三级安全教育，定期组织经常性教育、安全文明之星平安班组评选和主题宣传活动。并推出“WiFi＋安全知识”＋3D 体验教育模式，组织各类安全应急演练活动。如图 7.4-52 所示。

图 7.4-52　安全教育、VR 教育、应急演练

7.5　绿色交付

（1）项目交付前提交绿色建材实际使用率核定计算书，并提供综合效能调适报告，如图 7.5-1 所示。

图 7.5-1　综合效能调适报告

（2）项目交付前提交建筑使用说明书，如图 7.5-2 所示。并将建筑各分部分项工程的设计、施工、检测等技术资料整合和校验，按相关标准和交付策划方案要求移交建设单位和运营单位。

图 7.5-2　技术资料整合和校验

（3）施工单位按照绿色交付标准及成果要求提供实体交付及数字化交付成果，如图 7.5-3所示，数字化交付成果与实体交付成果信息应一致且准确。

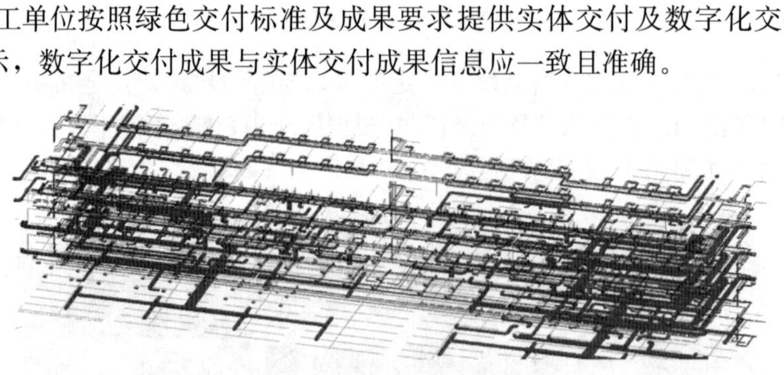

图 7.5-3　数字化交付

（4）数字化交付内容包含竣工建筑信息模型、数字化工程技术档案、质量验收文件、关键施工过程影像资料等，部分示例如图 7.5-4 所示。

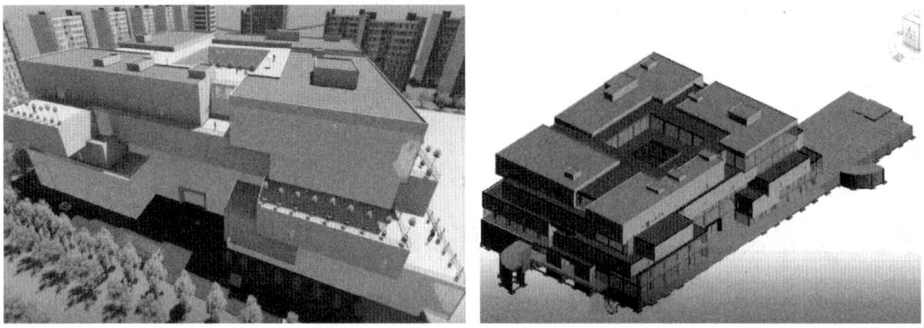

图 7.5-4　数字化交付内容

7.6　创新技术

（1）严格按照现行山东省工程建设标准《建筑与市政工程绿色施工技术标准》DB37/T 5175 的有关要求，制订绿色施工技术应用名录并实施动态管理，如图 7.6-1 所示。

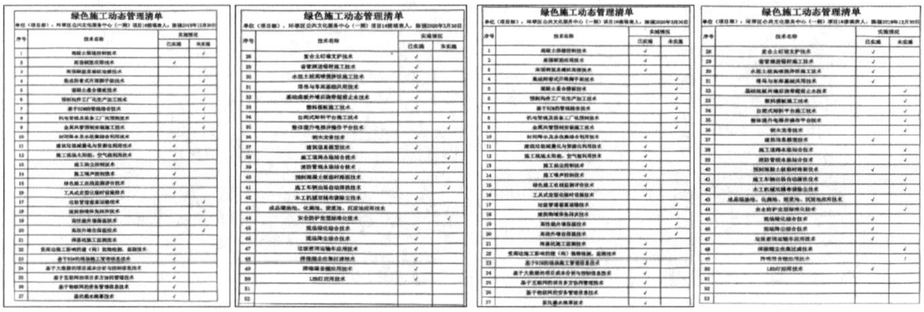

图 7.6-1　项目绿色施工技术应用名录

（2）在建筑业“十项新技术”应用方面，本项目共应用 8 大项、28 小项目技术，如图 7.6-2 所示。

建筑业十项新技术应用名录

本工程应用的建筑业十项新技术（包括 8 项新技术，共 28 个子项）

序号	十项新技术名称	子编号	包含子项
1	钢筋与混凝土技术	2.5	混凝土裂缝控制技术
		2.7	高强钢筋的应用技术
		2.8	高强钢筋直螺纹连接技术
2	模板及脚手架技术	3.2	集成附着式升降脚手架技术
3	装配式混凝土结构技术	4.3	混凝土叠合楼板技术
		4.10	预制构件工厂化生产加工技术
4	机电安装工程技术	6.1	基于 BIM 的管线综合技术
		6.5	机电管线及设备工厂化预制技术
		6.8	金属风管预制安装施工技术
		7.1	封闭降水及水收集综合利用技术
		7.2	建筑垃圾减量化与资源化利用技术
		7.3	施工现场太阳能、空气能利用技术
		7.4	施工扬尘控制技术
		7.5	施工噪声控制技术
		7.6	绿色施工在线监测评价技术
5	绿色施工技术	7.7	工具式定型化临时设施技术
		7.8	垃圾管道垂直运输技术
		7.9	透水混凝土与植生混凝土应用技术
		7.10	混凝土楼地面一次成型技术
		7.11	建筑物墙体免抹灰技术
6	防水技术与围护结构节能	8.7	高性能外墙保温技术
		8.8	高效外墙自保温技术
7	抗震、加固与监测技术	9.6	深基坑施工监测技术
		9.9	受周边施工影响的建（构）筑物检测、监测技术
8	信息化应用技术	10.1	基于 BIM 的现场施工管理信息技术
		10.2	基于大数据的项目成本分析与控制信息技术
		10.4	基于互联网的项目多方协同管理技术
		10.7	基于物联网的劳务管理信息技术

图 7.6-2　建筑十项新技术应用情况

（3）施工单位采用“四新技术”，或自主开发工法、专利、QC 及其他新技术，并注重成果转化、科技成果评价。通过这些创新技术，解决工程中的重点、难点等问题，并形成了相应的成果，如图 7.6-3 所示。

图 7.6-3　项目 QC 小组获省级二等奖

（4）密集管束套管与现浇结构同步施工技术。

项目自主研制了“密集管束套管与现浇结构同步施工技术”，在工厂采用固定模具制作集中管束套管组，实现套管组与现浇结构楼板浇注同时施工。该技术可以大大提高施工效率，提高成活后观感质量，且满足规范要求。该技术可以有效解决传统施工方法存在的弊端，并借助混凝土自身防水功能，确保套管周围不漏水，成活后观感质量更佳。如图 7.6-4 所示。

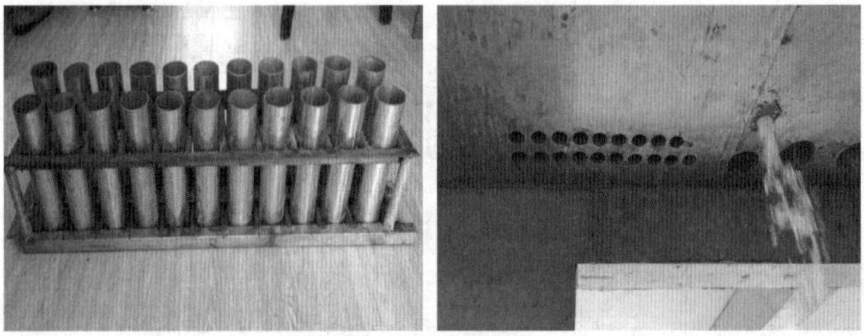

图 7.6-4　密集管束套管与现浇结构同步施工技术

（5）砌体并排暗装接线盒定位器。

项目自主研制了“砌体并排暗装接线盒定位器”，极大提高了砌体暗装接线盒的安装质量，达到了预期效果，为打造精品工程奠定了基础。此种新型模具作为施工指导方法，紧密契合了国家的“四新技术”，具有显著的社会效益。它充分考虑我国国情，合理利用资源，便于施工操作，安全可靠，并能反复使用。如图 7.6-5 所示。

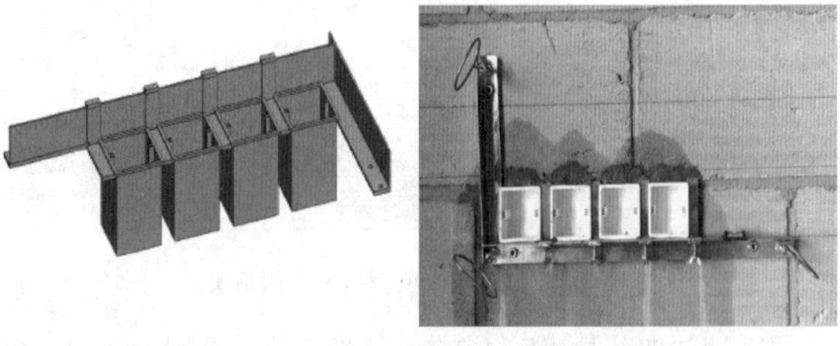

图 7.6-5　砌体并排暗装接线盒定位器

（6）研制构造柱与主体同步施工的抽屉式模具。

项目自主研制了“构造柱与主体同步施工的抽屉式模具”，成功实现了构造柱同主体框架一同施工的作业目标。该模具避免了构造柱的两次支设，有效地减少了砌体施工期间二次结构的施工工程量，避免了因构造柱施工导致砌体班组不能有效穿插作业等现象，从而有效地缩短了砌体施工工期，为整个工程砌体里程碑节点的完成提供了重要的保障。如图 7.6-6 所示。

图 7.6-6　构造柱与主体同步施工的抽屉式模具

（7）BIM 应用及获奖情况。

在工程在施工过程中，充分运用 BIM 可视化、碰撞检查功能，参与图纸会审和辅助交底工作。凭借在 BIM 技术应用方面的卓越表现，本工程荣获山东省“中建八一”杯 BIM 成果竞赛一等奖，如图 7.6-7 所示。

图 7.6-7　BIM 应用及获奖情况

7.7　亮点经验

环翠区公共文化服务中心（一期）项目 1# 楼在项目实施全过程中，通过推进绿色建造的实施，注重从前期的策划、施工过程中的重点管控、交付时的汇总总结，全面践行“五节一环保”及整体策划管控策略，在保质保量的前提下，共节省费用 300 余万元，取得了显著的经济效益。

项目形成实用新型专利一项，市级工法三项，QC 成果三项，山东省 QC 小组竞赛二等奖一项，发表论文两篇。同时，斩获“中建八一”杯 BIM 成果竞赛一等奖、“山东省优质结构”等十余项省部级奖项。

通过绿色建造工程的实施，将建设方、施工方、设计方联结为一个有机整体。从项目的策划阶段到实施及最终交付，各方步调一致地进行统筹管理。通过精细化的分析整合数据，将整个项目全过程资料有效地交付给业主方。这一举措极大地便利了业主方后期的使用，得到了业主方的高度评价。在施工过程中，对环境污染的有效控制，保证了周围居民的基本生活环境不受影响，得到了主管部门及附近居民的高度赞扬。在今后的项目建设中，将继续加大绿色建设实施力度，积极提炼、总结先进的绿色施工管理成果与绿色施工科技技术，为推动全员绿色施工发展积累可靠的数据与经验，共同谱写绿色建造新篇章。

第 8 章　烟台市莱山区滨海健康驿站工程

8.1　工程概况

烟台市莱山区滨海健康驿站项目位于烟台市莱山区逛荡河畔，紧邻滨州医学院，由中建国际投资集团有限公司投资建造，采用先进的钢 MiC 模块快速建造技术，如图 8.1-1 所示。项目总建筑面积约 11.68 万 m^2，共建设 2 栋 20 层的高层建筑，承包模式采用设计、施工、采购一体化工程总承包模式，合同额为 8.2 亿元。其中 A 座塔楼高 77.85 米，地上 20 层，地下 2 层。其结构体系采用钢 MiC 箱体＋钢框架体系，共有 MiC 箱体 352 个（单个钢模块尺寸为 3.9m×9m×3.45m），项目总体装配率达 80%。项目可建设用地面积 25241m^2，总建筑面积约 48919.61m^2，项目地上建筑面积 34161.45m^2，地下建筑面积 14758.16m^2。项目开工日期为 2022 年 6 月 14 日，完工日期为 2023 年 7 月 31 日，工期为 416 个日历天。项目按照五星级标准酒店进行建设，包含疫情防控指挥部、隔离用房及配套、多功能用房等，建设总房间 1044 间，兼具防疫隔离和日常居住办公的双重功能。可提供防疫物资及储备支撑，实现隔离区、工作区分离，快速“平疫转换”功能。

图 8.1-1　滨海健康驿站鸟瞰图

MiC（Modular Integrated Construction），即“模块化集成建筑”，此建造方式是将建筑拆分为模块化“单元”，先在工厂内高效完成模块的结构、装修、水电、设备管线、卫浴设施等施工工序，再在现场通过可靠连接技术快速组合拼装成建筑整体。目前，

MiC 建筑主要分为钢结构 MiC 与混凝土 MiC 建筑，钢结构 MiC 连接节点采用螺栓、焊接或者新型灌浆节点，适用于中低高层建筑；混凝土 MiC 建筑具有耐火、耐腐蚀、结构整体性强、舒适度高的优点，同样适用于中低高层建筑。这种技术把建筑从工地搬进工厂，大幅缩短工期，减轻施工难度，实现了“像造汽车一样造房子”的效果，是目前建筑工业化程度最高的绿色建造方式。

本工程 MiC 建筑采用集成了建筑、结构、水电、装修一体化的新型装配式 4.0 技术，建筑工业化程度更高，如图 8.1-2 所示。其建造工期由传统工艺的 36 个月缩短为 14 个月，工期减少了 60%。相较于传统的建造模式，可减少 80%的施工垃圾，减少 700 吨的固体废弃物，可实现现场免焊接工艺，降低用电量和用水量，节约现场材料堆放用地，减少现场用工量 70%以上，节约模板用量 90%，减少材料损耗 20%。

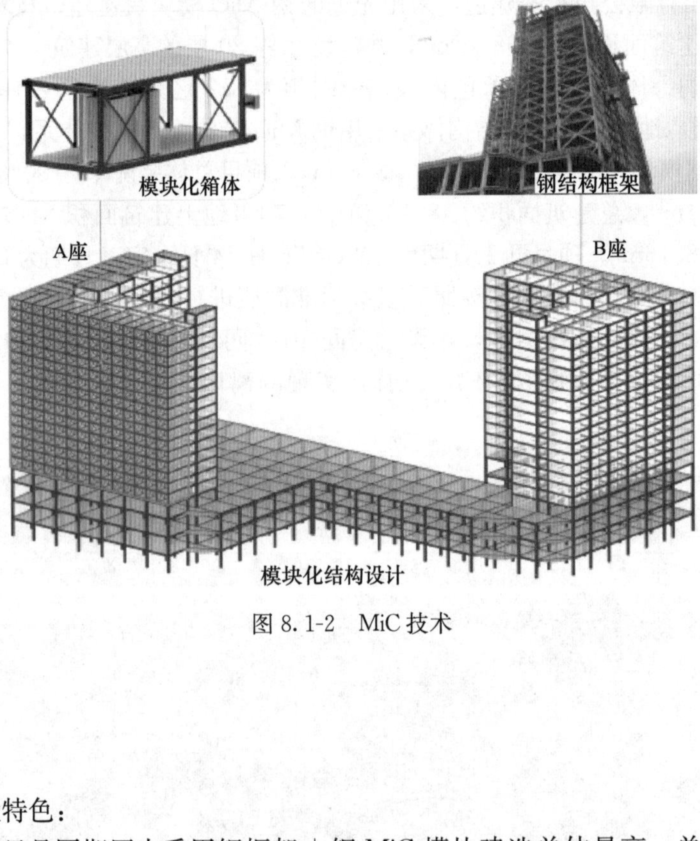

图 8.1-2　MiC 技术

项目建设特色：

（1）该项目是同期国内采用钢框架＋钢 MiC 模块建造单体最高、单体体量最大的项目；

（2）该项目是我国新型建筑工业化的标志性项目、模块化建筑技术示范项目；

（3）该项目是山东省第一个“平疫”结合、具备防疫功能的大型隔离永久建筑；

（4）该项目是山东省首个采用高模块化、大集成度设计建造的永久建筑；

（5）该项目是二星绿建和二星装配式建筑，装配率高达 80%。

8.2　绿色策划

在项目立项伊始，公司组织联合体、各参建方、高校专家、院士及第三方机构召开项目绿色总体策划论证会议及活动达 10 余次，如图 8.2-1 所示。其间，先后邀请欧进萍院士、中国标准院团队对项目绿建前期工作予以指导。集团主要领导组织设计、工程、技术等部门召开前期绿色建造研讨会，对绿色建造总体策划及实施工作进行部署。公司与属地高校烟台大学就绿建研学开展合作，同哈尔滨工业大学、清华大学等高校开展绿色智能建造类科研项目，并决定在本项目采用钢结构＋MiC 模块快速建造的模式，同时针对建造模式的超限审查制定详细的策划和说明。此外，公司先后完成绿色建造总体方案、绿色设计策划书、绿色施工方案和绿色交付策划方案的编制、审核、审批及交底工作，如图 8.2-2 所示，明确了绿色建造的整体目标，并针对资源节约、环境保护、碳排放、品质提升和职业健康等分项目标提出明确要求，制定了绿色施工的详细目标、指标及措施。

项目组聘请元亨工程咨询集团有限公司对本工程进行全过程工程咨询管理服务，建立了涵盖设计、生产、施工等不同阶段的协同设计机制，确保实现工程全寿命系统化集成设计，并与中建海龙科技有限公司、中建海宏技术有限公司联合制定数字交付标准和 BIM 与项目、企业管理信息系统集成应用。

图 8.2-1　绿色策划活动组织

图 8.2-2　绿色策划

同时，项目组聘请全球知名第三方碳排放认证机构——艾奕康设计与咨询（深圳）有限公司开展本项目专业化碳排放认证工作，以国际碳核算标准和中国建筑碳排放为计算依据，运用全生命周期（LCA）碳排放核算法对本项目进行全生命周期的碳排放核算，包括隐含碳排放（建材、运输、施工等阶段）和运行碳排放，对建造施工阶段进行重点分析，并结合项目实施情况，制定项目在节能减碳、节水、节材、减少固废、扬尘等污染排放等方面的定量化目标，并将提供实施和监测等技术建议，供项目采纳，最终提供官方认可的碳中和认证，为项目申请国家级、山东省、烟台市奖项或补贴的过程中提供绿色施工、节能减碳方面的技术支持。如图 8.2-3 所示。

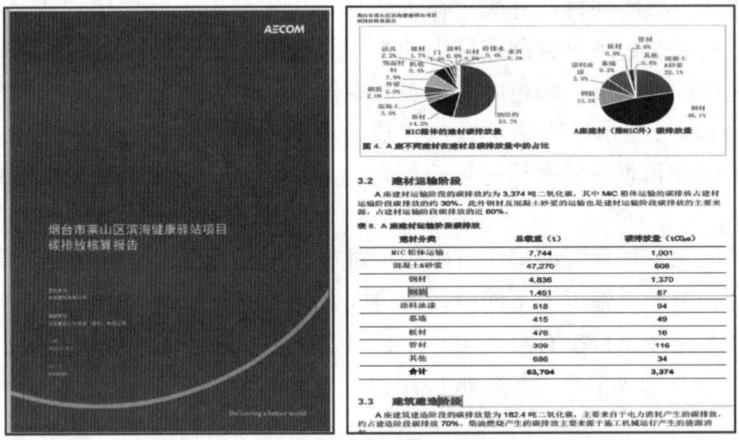

图 8.2-3　专业化碳排放认证

8.3　绿色设计

本项目设计联合体严格按照二星级绿色建筑标准和装配式二星级标准进行设计。在设计成果方面，绿建评分高于 70 分，满足绿建二星要求；装配率为 80%，满足装配率二星要求。该项目通过图纸审查和绿建二星评价，并且获得山东省绿色建筑与建筑节能试点示范项目的殊荣。

项目在体型设计上力求方正，体形系数 0.15，建筑造型要素简约，装饰性构件造价占建筑总造价的比例不大于 1%。具体结构方面，A 塔采用 MiC 箱＋钢框架＋支撑结构体系进行设计，B 塔则采用钢框架＋支撑结构体系。钢 MiC 模块单元之间的连接件采用铸钢件。柱、支撑、承重墙、延性墙板等主体结构竖向构件均采用钢结构。预制部品部件的应用比例达 100%，包含梁、板、楼梯、阳台、空调板等构件和 MiC 箱体部分。其中，楼板采用压型钢板和抗剪栓钉与混凝土组成的预制楼板，钢框架-支撑结构部分楼板采用钢筋桁架楼承板，楼梯则采用混凝土预制楼梯，预制部品部件的应用比例大于 80%。

裙房部分 80%以上的非承重围护墙均为非砌筑方式，采用铝板玻璃组合幕墙、龙骨组合墙（受力构件为幕墙钢龙骨、外饰面为铝板、内衬墙为 12 厚水泥纤维板＋100 岩棉＋12 厚水泥纤维板）。塔楼部分非承重围护墙同样均为非砌筑，箱体部分采用单元式玻璃幕墙系统，非箱体部分为龙骨组合外墙，且均为铝板饰面。内隔墙除局部有水房间外，均采用轻钢龙骨隔墙。

项目 MiC 箱体施工采用了中海建筑有限公司与国家工程院欧进萍院士联合研发的一种新型的模块化灌浆节点，该节点通过节点区域栓钉和混凝土的咬合握裹作用，实现模块间连接的刚接和等强。此节点在哈尔滨工业大学结构实验室进行了足尺拟静力试验，试验结果成功证明了连接的可靠安全，实现了钢结构模块之间的刚性连接满足各类参数要求。如图 8.3-1 所示。

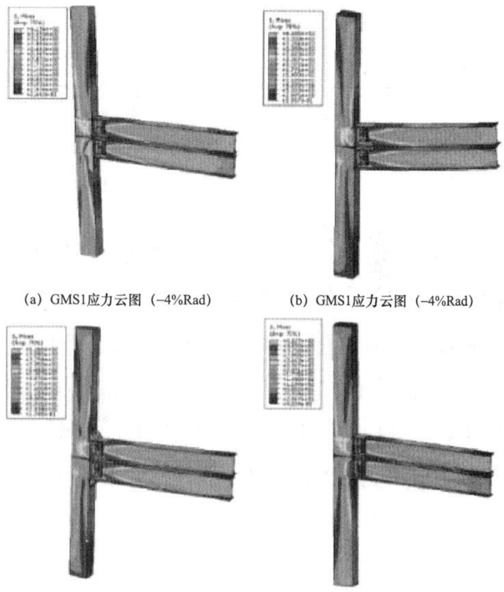

(a) GMS1应力云图（–4%Rad）　(b) GMS1应力云图（–4%Rad）

(c) GMS1应力云图（–4%Rad）　(d) GMS1应力云图（–4%Rad）

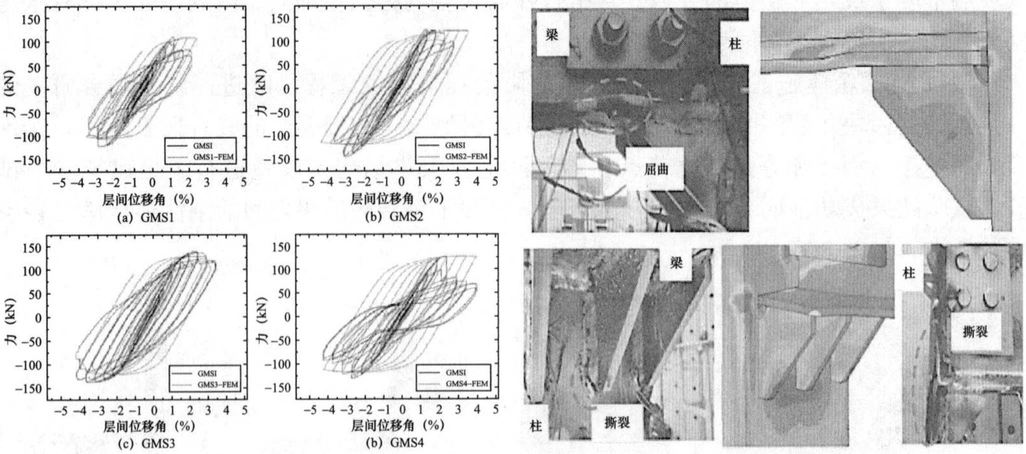

图 8.3-1　模块化灌浆节点

项目充分利用新型模块化建造 MiC 技术和 BIM 技术正向设计、多专业协同能力的优势，建立了常态化全专业协同工作模式，实现了全过程、全专业协调设计深化成果，并对设计品质进行验证，如管道 BIM 综合布局，如图 8.3-2 所示。

由于专业间数据交互量巨大，传统设计方式难以保证专业间沟通效率和设计深度。为此，项目通过 MiC 拆分设计、MiC 工厂深化设计、幕墙深化、机电深化、装修深化同步推进的方式，并以 BIM 技术出具管综深化图为目标的实施思路，使生产效率得以匹配项目进度。

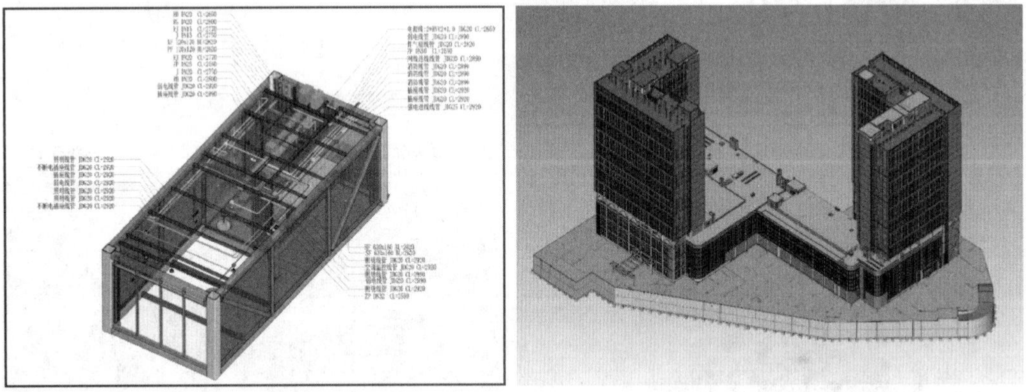

图 8.3-2　BIM 综合布局

BIM 技术可清晰掌握项目进度，吊钩视频监控球帮助司机实时掌握吊装动态，AI 技术实现远程生产调度，720 度全景“鹰眼”摄像机实时监测整个施工情况。项目在施工阶段，BIM 的精准性作用也更为显现，小到钢筋间的距离，大到项目的进度，BIM 技术都可实现建设进展的实时更新。

根据《国务院办公厅关于推进海绵城市建设指导的指导意见》（国办发〔2015〕75 号）、住房和城乡建设部办公厅关于印发《海绵城市建设绩效评价与考核办法（试行）》的通知（建办城函〔2015〕635 号）等文件要求，项目室外采用海绵城市设计，如

图 8.3-3所示。设计遵循生态优先原则，将自然途径与人工措施相结合，在确保城市排水防涝安全的前提下，通过设置下沉绿地、雨水收集池、种植植被选取、透水材料铺装，最大限度地实现雨水的积存、渗透、净化，从而促进雨水资源的利用与生态环境的保护。

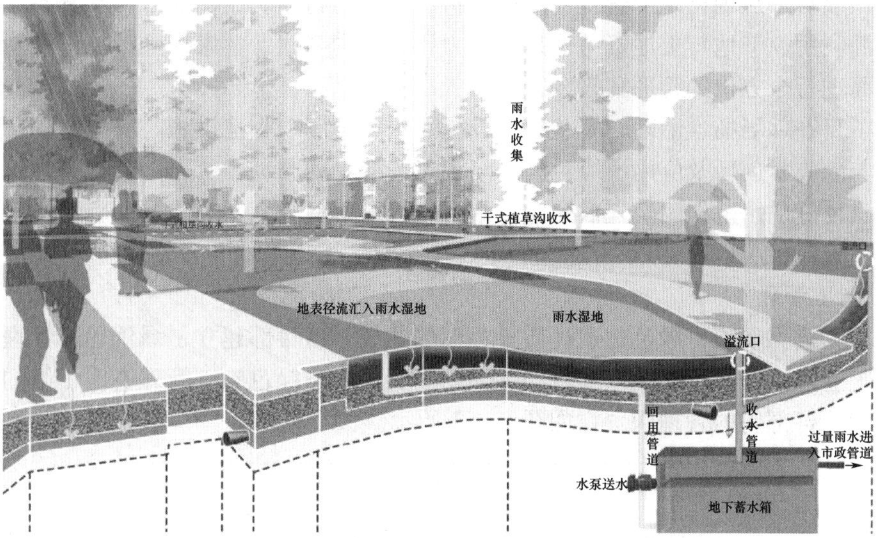

图 8.3-3　海绵城市设计

在其他细节方面，还采用如下设计：

（1）在本工程中，钢梁、钢柱采用 Q355 钢材，楼板采用钢筋桁架楼承板，板中的钢筋采用强度不低于 HRB400 的热轧带肋钢筋。

（2）本工程的混凝土全部采用预拌混凝土，建筑砂浆中预拌砂浆的使用比例达 100%。

（3）现场的非焊接节点连接比例不少于 50%。

（4）给水系统在各分区的低层部分设置可调式减压阀，以此确保各用水点处的供水压力不大于 0.20Mpa。

（5）采用设计—生产—安装全产业链模式，搭配全生命周期 BIM 技术，实现工业智能化生产管理和数字化交付。

（6）此外，项目还采用屋面太阳能热水设计、采用全装修交付设计、底板防水预铺 TPO 预铺反粘、内推单元式玻璃幕墙、装配式钢结构、自密实混凝土、雨污水井采用预制混凝土、海绵城市雨水收集池采用预制模块等设计。

8.4　绿色施工

在施工管理方面，本项目获得“烟台市三星级智慧工地”称号；MiC 采用机器人自动焊接技术，进行智慧工地水电智能监测，每月分析用电用水指标，安装感应器以自动控制现场施工照明，并将临时路口与永久路口结合，临时消防水和永久消防水相结合。

实施绿色施工时，项目进行了总体方案的优化。在规划和设计阶段充分考虑绿色施工的总体要求，为绿色施工提供基础条件。实施绿色施工时，应对施工策划、材料采购、现场施工、工程验收等各阶段进行控制，加强对整个施工过程的管理和监督。

建立以项目经理为第一责任人的绿色施工管理体系，制定绿色施工管理制度，由公司层面组织各部门成立绿色施工专业指导委员会，聘请清华大学、哈尔滨工业大学、艾奕康设计与咨询（深圳）有限公司等学校机构对本项目绿色施工进行咨询、研究、决策及评估。项目部从现场施工管理、环境保护、节材与材料利用、节水与水资源利用、节能与能源利用、节地与土地资源保护、人力资源节约与职业健康安全、技术创新与应用八个方面进行全方位的管理和投入。

本项目在现场扬尘治理、智慧工地设施、水电监测、临建设施与安全防护、绿色节能材料与新技术创新及应用、绿色施工培训、废弃物回收利用、人力资源管理优化等方面展现出良好的示范作用，先后荣获“烟台市三星级智慧工地”“烟台市建筑施工安全生产五星级达标工地”“山东省建筑施工安全文明标准化工地”等荣誉。

1. 施工管理

（1）为确保本项目绿色建造高质量目标的达成，项目部建立了绿色建造管理体系及绿色施工管理制度，建立了以项目经理为第一责任人的绿色施工管理实施小组的管理体系，明确了各部门的管理职责，如图 6.4-1 所示。

4.2 管理组织机构

为了贯彻绿色施工管理规程的政策，加强建筑绿色工程的施工管理，我项目经理部成立了以项目经理为绿色施工领导小组、全体项目人员为组员的建筑节能工程绿色施工监督小组及落实小组，其机构组成、人员编制及责任分工如下：

4.2.1 绿色施工管理组织机构

总负责：刘 琳（项目经理）

领导小组：张 琳（总工程师）

唐 超（生产经理）

李春华（安全负责人）

李 彦（质量负责人）

熊 伟（机电经理）

郑新树（精装修经理）

职责：（1）负责领导组织机构工作。

（2）检查落实工作小组的工作情况。

（3）处理解决发生的问题并及时向上级组织汇报。

监督工作小组：

组长：冯现飞

组员：李婉琪（人力党建部）、朱绍铭（后勤保障部）

职责：监督绿色施工组织机构日常工作活动，提出整改意见和措施。

4.3 管理职责

4.3.1 项目经理：全面负责绿色施工的策划、申报、组织、协调、落实、检查和验收工作，主持绿色施工管理小组例会，是本项目绿色施工实施的第一责任人。

4.3.2 技术总工：严格执行《绿色施工导则》、《建筑工程绿色施工评价标准》，负责绿色施工方案、专项施工方案等相关内容的策划和编制，负责绿色施工的相关培训和交底工作，协助项目经理落实绿色施工的其他相关管理工作。

4.3.3 质量总监：根据绿色施工方案，制定绿色施工分阶段实施的计划并跟踪落实情况，及时进行调整，并向项目经理进行反馈，协助项目经理落实绿色施工工作。

4.4.4 生产经理：根据各项策划成果、绿色施工方案及计划，逐步落实绿色施工的各项设施、设备、物资和作业内容并进行督促，确保绿色施工方案按既定方案执行。

4.4.5 技术部：根据各项策划成果、绿色施工方案及计划，检查绿色施工执行的实际情况，协助技术总工进行月度绿色施工要素评价和阶段评价，定期向项目经理及相关人员进行汇报，协助技术负责人制定改善计划和措施，督促绿色施工内容顺利进行。

4.4.6 工程部、安全部：负责各类资料、照片、录像、数据的收集工作并进行分类整理，保障绿色施工相关记录齐全、有效。

4.4.7 物资部：对进场材料验收和数量核对，建立原材料进场和耗用台帐，逐月和分阶段统计消耗数量，以掌握材料消耗情况。

4.4.8 安全部：确保安全文明施工，落实施工现场安全文明设施工具化、定型化、标准化的推广，做好环境保护。

4.4.9 质量部：执行规范、规程和质量标准，动态跟踪施工质量，负责质量事故成本统计。

4.4.10 商务部：负责为绿色施工管理人员提供有关工程施工的各项预算数据，收集绿色施工的有关资料并逐步进行成本核算，负责绿色施工部分投入的最终成本核算以及

图 8.4-1 绿色施工指导小组

（2）项目组编制了绿色建造示范工程建设实施方案及绿色施工方案，如图 8.4-2 所示，方案中绿色施工量化细化及考核目标明确合理；制定了绿色建造施工过程控制相关技术措施并明确指标要求，严格按照审批流程进行审批。

图 8.4-2 绿色建造专项施工方案

（3）建立健全绿色施工培训制度，新入场人员均要接受绿色施工教育，考核合格后再上岗。每月分批次组织全员绿色施工培训，培训人数约 900 人。每周总包与业主、监理及各分包组织一次绿建联合周检。如图 8.4-3 和图 8.4-4 所示。

图 8.4-3　作业人员绿色建造培训

图 8.4-4　现场作业人员绿建交底及绿建联合周检

（4）整个场地实行全封闭管理，其中办公区、生活区与施工现场分别封闭管理，按照烟台市市区围挡要求搭设 4m 高的草皮围挡。施工主要出入口进行硬化处理，设置门卫室和实名制全高辊闸通道和 LED 显示屏，实时显示在场人员状态，如图 8.4-5 所示。

图 8.4-5　主要出入口形象及实名制员工通道

（5）施工现场设置明显的绿色标识如图 8.4-6 所示。

图 8.4-6　现场绿色标识

（6）项目智慧展厅总面积约 200m^2，软硬件投资约 800 万元。在绿色施工中，采用了中建香港研发的智能化 C-smart 智慧工地管理系统，该系统以物联网、人工智能、云计算、BIM 等技术为基础，提供定制化的智慧工地方案，如图 8.4-7 所示。该系统可以对工地资讯进行全面采集、汇总和分析，从而辅助施工管理和决策，科学地对建筑工程的人员、安环、进度、物资等方面进行全方位的综合监管。本项目涉及的智能化应用有施工升降机、标养室监测、智能烟感、卸料平台、护栏监测、塔式起重机、基坑监测、现场环境监测、配电箱监测、车辆冲洗监测、慧眼 AI、智能开关、水电监测、AI 识别展示、实测实量、人员定位、广播系统等 20 多项应用。凭借这些智能化应用，项目荣获“烟台市三星级智慧工地”和“烟台市建筑施工安全生产五星级达标工地”。

图 8.4-7　智慧展厅及 C-smart 系统

（7）在施工中，采用数字化、信息技术中的 BIM 技术及智慧工地系统管理施工现场，如图 8.4-8 所示。

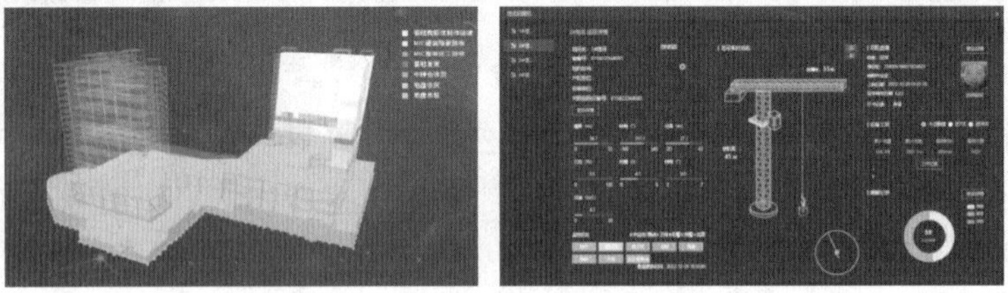

图 8.4-8　BIM 技术应用

（8）施工现场设置了安全标志标识及消防器材如图 8.4-9 所示。

图 8.4-9　施工现场安全标识

2. 环境保护

（1）施工现场设置 PM10 扬尘在线监测系统，基坑周边设置喷淋系统和塔吊喷淋。自动喷淋系统是一个独立系统，具备自动启停、定时、远程控制等功能，并与环境监测系统联动。自动喷淋系统通过项目平台、手机 App 实现联动控制。当监测值超限后，系统会即时向喷淋联动器发送信号，启动喷淋装置，当监测值下降至监界值以下时关闭，如图 8.4-10～图 8.4-12 所示。

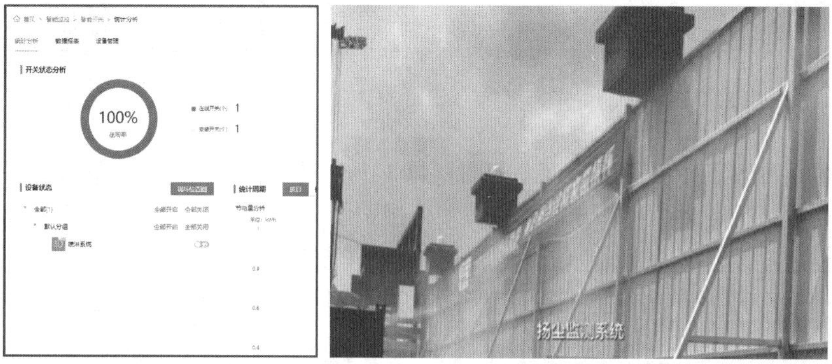

图 8.4-10　自动喷淋及远程控制

图 8.4-11　围挡喷淋

图 8.4-12　喷淋联动系统

（2）出入口安装了自动感应洗车平台，进出场车辆冲洗干净并登记后方可驶离施工现场。同时，安装了车辆出入管理系统，该系统具备对工程车辆进行权限放行和对其他车辆进行认证管理的功能。车辆进出场数据信息均提报至项目平台。进出场记录信息包括当前在场车辆数量、车牌号码、车身颜色、进出场时间、进出场次数以及图片等，如图 8.4-13～图 8.4-15 所示。

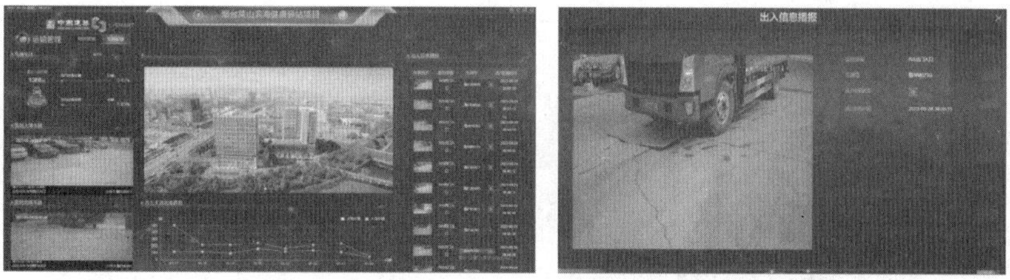

图 8.4-13　车辆信息滚动播放机车辆出入详情

图 8.4-14　自动洗车台

图 8.4-15　洗车台高压冲洗设备

（3）楼内设置了垃圾通道，现场废旧材料集中分类堆放。同时，独立设置了危险品仓库，从源头控制污染物扩散。针对建筑垃圾，制定了分类处置和减量化、资源化利用专项方案，并经过建设、监理单位审批。通过有效的建筑垃圾分类管理，减少了施工过程中建筑垃圾产生和排放，满足施工现场建筑垃圾排放量的相关要求。如图 8.4-16 所示。

图 8.4-16　施工现场垃圾处置及道路清扫

（4）机械设备优先采用低噪音设备，并定期保养维护。在现场外围设置了不低于 4m 的硬质彩钢板草皮围挡，实行全封闭管理以控制噪声扩散。结合噪声检测设备，合理安排施工时间，有效控制噪声污染。监测系统具备 24 小时全天候实时采集 PM10 颗粒物、噪声等数据的功能，并具备相应数据实时显示和查看功能，如图 8.4-17 所示。当 PM10 检测超限时，系统会报警并联动喷淋设备启动自动降尘。

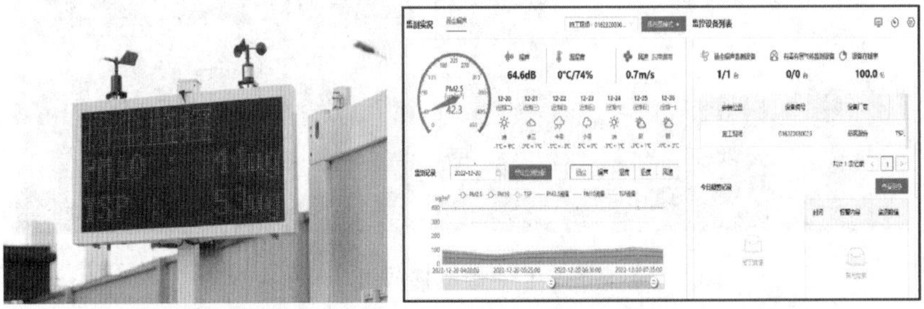

图 8.4-17　PM10 检测设备及实时数据

（5）施工现场设置了可移动环保厕所，并定期清运及消毒，化粪池也会定期清理，如图 8.4-18 所示。

图 8.4-18　现场设置临时厕所及化粪池

（6）建立了建筑垃圾再生利用制度、废料及时进行回收再利用，如图 8.4-19 和图 8.4-20 所示。

图 8.4-19　废旧钢筋头再生利用

图 8.4-20　落地灰做预制盖板

3. 节材与材料利用

（1）现场均采用成品定型化、工具化、标准化、便于施工、易于拆装的临时设施、安全通道口、安全防护设施，这些设施的重复使用率达 100%，如图 8.4-21 所示。

图 8.4-21　定型化防护工具

（2）积极应用节材新技术和新材料如图 8.4-22～图 8.4-30 所示。

（3）建立了限额领料管理制度、主材产地选择制度。合理选择绿色建材，如 TPO 防水卷材、集成墙板、预制楼梯、石塑地板等，并实施用智慧工地系统物资管理板块实时统计分析绿色环保材料占比。如图 8.4-31、图 8.4-32 所示。

图 8.4-22 采用预制方桩

图 8.4-23 免落地式支撑系统

图 8.4-24 采用单元式内推幕墙

图 8.4-25 采用 MiC 箱体

图 8.4-26 MiC 箱体连接件

图 8.4-27 虹吸排水板施工

图 8.4-28 采用预拌砂浆

图 8.4-29 可周转箱体防护外架

图 8.4-30 箱体安装

图 8.4-31 绿色建材应用

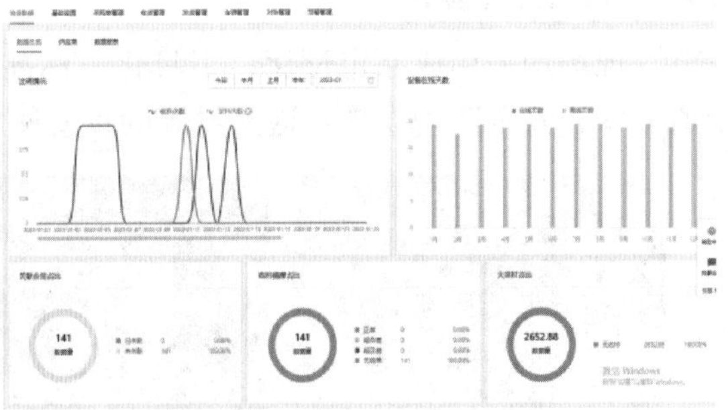

图 8.4-32 物资管理系统

4. 节水与水资源利用

（1）项目部制定了节水措施，在生活、办公区和施工区分别安装了智能水电表，能够实时统计监控水用量、自动形成月度、年度能源消耗报表，如图 8.4-33 所示。同时，对生活区、办公区设定水电表限值，一旦超限，水电表会自行跳闸并报警。此外，项目部还与分包队伍签订了施工、生活用水协议书，并将其纳入计量考核。

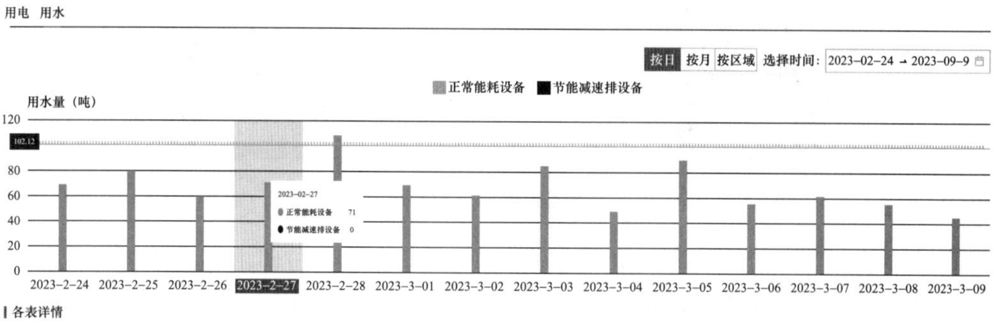

图 8.4-33　用水量统计

（2）现浇楼板混凝土浇注完成后采用覆膜养护，墙柱拆模后粘贴薄膜保湿，防止水分散失。同时，将基坑降水用于喷淋系统，实现水资源的合理再利用。如图 8.4-34 和图 8.4-35 所示。

图 8.4-34　混凝土覆膜

图 8.4-35　基坑降水用于喷淋系统

（3）雨水、污水分流排放，雨水经沉淀过滤后用于洒水降尘，剩余水经检测达标后排入市政管道。污水汇入化粪池经沉淀后汇入市政污水管网，如图 8.4-36 所示。

图 8.4-36　雨水收集系统

5. 节能与能源利用

（1）在生产区、生活区、办公区分别安装电表，实现单独计量。安排专人负责收集用电数据，建立用电统计台账，以便进行能耗分析，如图 8.4-37 所示。施工临电箱监测系统对剩余电流、线体 温度、箱体温度、线体电流等进行监测。传感设备符合相关标准规定，满足监测需求，能对施工现场二级临电箱异常现象进行实时监测。当监测项目指标超过阈值时，系统将即时报警以及推送给管理人员。

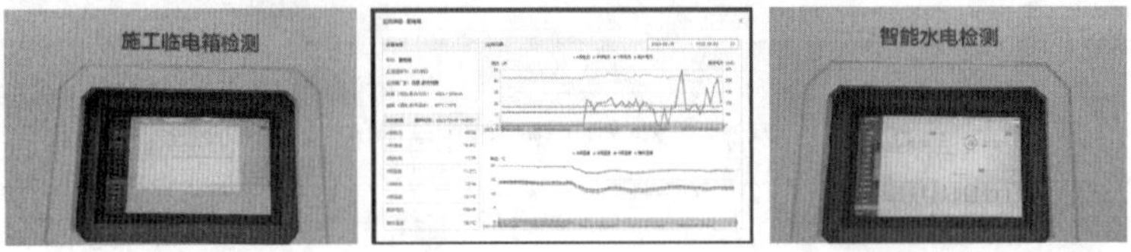

图 8.4-37　智能水电检测及统计对比分析

（2）办公区、生活区室内照明采用节能型灯具，空调、打印机等设备选用一级能效设备。浴室设置太阳能热水器，节约用电，施工现场照明采用 LED 节能灯具，可调节亮度，现场还采用了新能源洒水车。如图 8.4-38 和图 8.4-39 所示。

图 8.4-38　太阳能利用措施

图 8.4-39　采用新能源洒水车

（3）整个办公区板房均采用箱体板房，板材厚度为 100mm，窗户及幕墙均采用全封闭三玻两空镀膜玻璃，有效阻止太阳热辐射进入室内，隔热效果明显，如图 8.4-40 和图 8.4-41 所示。采暖制冷选用高性能变频设备。

图 8.4-40　采用节能玻璃幕墙

图 8.4-41　箱体上下层间加保温棉

6. 节地与土地资源保护

（1）前期运用 BIM 技术对施工现场进行整体规划，对临水、临电、道路等进行整体部署，合理划分办公区、生活区、生产区，并立体展现施工现场布置情况，如图 8.4-42 所示。

（2）在项目策划阶段，现场预留环行路，如图 8.4-43 所示，共设置 3 个主要出入口。

（3）建立防止水土流失的管理制度及措施，对裸露土地采用植被绿化，减少水土流失，如图 8.4-44 所示。

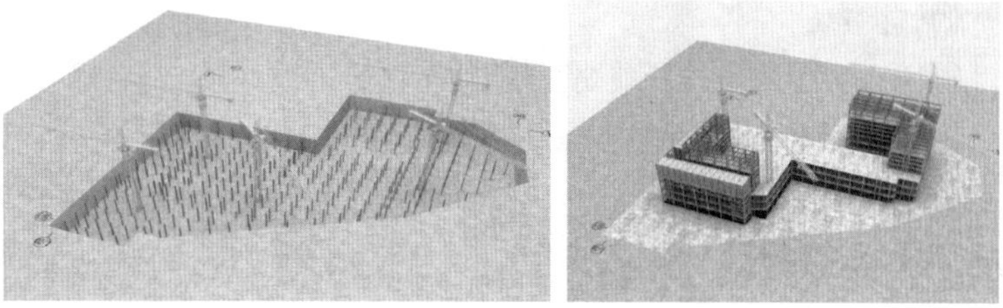

图 8.4-42　三维 BIM 场布

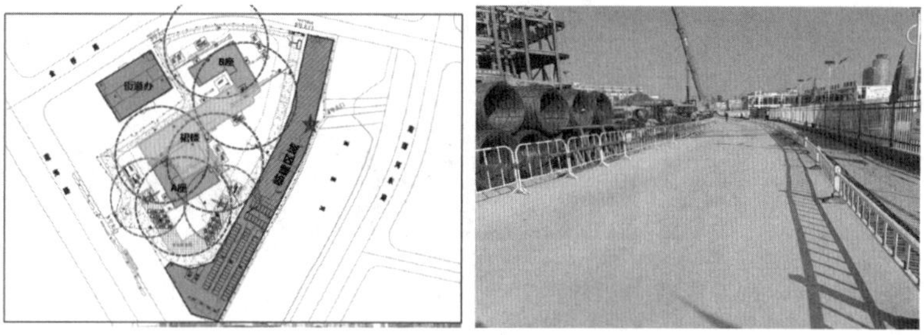

图 8.4-43　现场环形路

图 8.4 44　裸露土地覆盖

7. 人力资源节约与职业健康安全

（1）本工程人员健康和保护应急预案编制齐全。入场人员需进行体检，定期组织应急救援培训，建立特种作业人员健康管理档案，如图 8.4-45 所示。成立党员先锋队和青年突击队，积极开展“青年安全说”警示教育、“青年安全行”志愿服务等安全生产宣传活动，加强风险防范。同时，定期在工人生活区党群服务中心开展工友面对面调研，了解工友生存状况与分包经营情况，收集需求及改进建议，普及安全知识，预警劳资风险。

图 8.4-45　应急救援培训

（2）现场设立应急措施、危险仓库，现场特种作业人员证件齐全，如图 8.4-46 和图 8.4-47 所示。

图 8.4-46　应急设施

图 8.4-47　特种作业人员技能培训及农民工权益保护基本知识教育培训

（3）建立食堂卫生管理制度，厨房各类器具整洁，食品经营许可证及工作人员证件有效齐全。加强员工关怀工作，为确保食堂管理水平，提升员工幸福指数，后勤保障部成立项目伙食委员会，每季度召开会议，汇报食堂管理情况、审核食堂成本情况、收集员工意见建议，督促相关整改措施到位，如图 8.4-48 所示。

图 8.4-48　食堂管理制度及就餐环境

（4）开展项目后勤工作满意度调查，约 50 人参与，调查全面覆盖办公环境、菜品卫生、食堂管理、防疫保障、员工关怀等方面，后勤工作整体满意度达 98.96%，如图 8.4-49 所示。详细收集了各项合理化建议，并制订了专项提升计划。

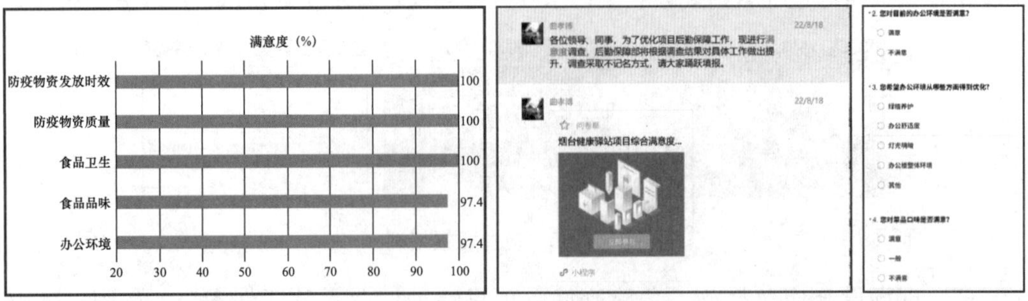

图 8.4-49　开展满意度调查活动

（5）办公区定期安排专人进行消毒，消杀物资单独存放，并建立消杀记录，如图 8.4-50～图 8.4-54 所示。

图 8.4-50　办公区消杀

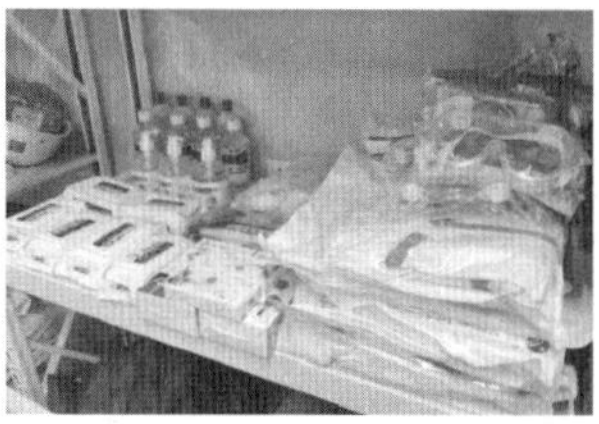

图 8.4-51　消杀物资

图 8.4-52　卫生间清理

图 8.4-53　储备物资

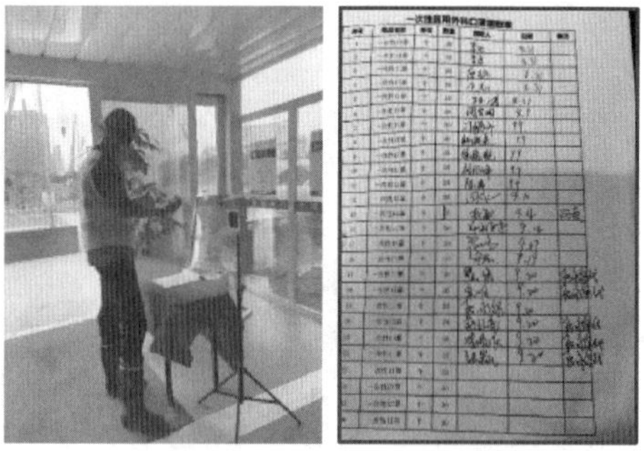

图 8.4-54　消杀记录

8.5　绿色交付

（1）项目聘请了第三方完成绿建二星预评价，并完成绿建验收工作。

（2）项目完成了大型能耗监测系统的安装，并成功入网，可以实时向使用方和住建局提供水、电、燃气等能耗监测数据。

（2）项目按照城市信息化建设要求和运营维护需求，制定数字化交付标准和方案，完成了各阶段责任主体和交付成果。

（3）项目出具了综合效能调适及绿色建造效果评估的报告。

（4）各分部分项工程的设计、施工、检测等技术资料整合和校验齐全，已移交建设单位和运营单位。

（5）艾奕康设计与咨询（深圳）有限公司完成本项目施工阶段专业化碳排放认证和碳排放核算，以实际碳排放量和绿色设计阶段预估碳排量进行对比分析，提交了施工阶段碳排放报告。

（6）为确保高层 MiC＋钢结构的可靠性，方便业主实时掌握该建造技术安全可靠数据。项目组与清华大学土木工程系联合进行结构健康监测，已开始对建筑全寿命周期进行健康监测，在建筑投入运营使用后，对使用方移交实时收集数据，如图 8.5-1 所示。

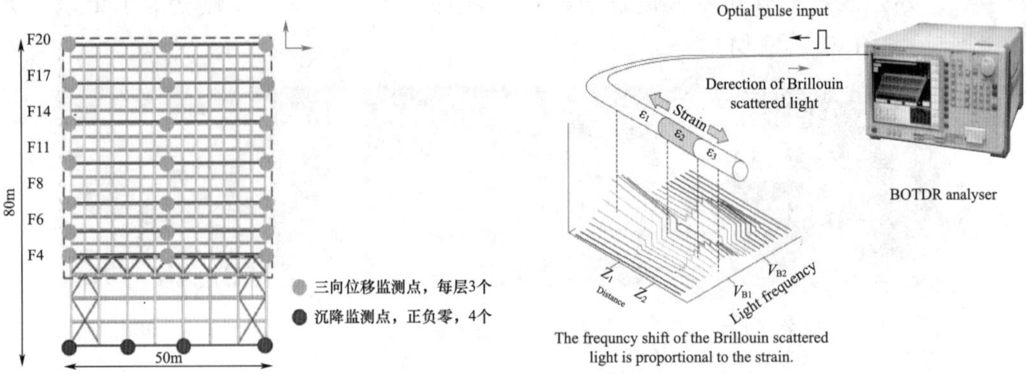

图 8.5-1　建筑全寿命周期健康监测

8.6　创新技术

1. MiC 快速建造技术

为满足抗疫需要、确保工期、平疫结合等要求，响应国家推动新型建筑工业化的号召，项目部分采用国内外最前沿的新型模块化建造（MiC）技术，如图 8.6-1 所示。MiC 技术是集成建筑、结构、水电、装修一体化的新型装配式 4.0 技术，绝大部分工作在工厂完成，现场只需要进行模块的拼装即可“拎包入住”，能够实现像造汽车一样造房子。

图 8.6-1　MiC 技术

相比于传统建造方式，钢框架结构模式及 MiC 技术具有快速建造、高品质、工业化生产、智慧化的技术优势。

（1）快速建造。

MiC 技术使高空作业变为平面流水作业，实现工厂与现场并行作业。MiC 技术工期较传统建造工期减少 80%以上，现场用工量减少 70%以上。

（2）高品质。

MiC 技术采用面向生产和装配的设计（DFMA）理念，将生产和安装的要求在设计阶段提前考虑，有效避免返工，提质增效。

（3）工业化生产。

MiC 模块可实现 95%以上的部品化率，结构、装修、设备在工厂进行标准化、一体化、自动化生产。

（4）智慧化。

MiC 技术采用设计—生产—安装全产业链模式，搭配全生命周期 BIM 技术，实现工业智能化生产管理和数字化交付。

MiC 与钢框架通过水平支撑进行有效连接，形成统一结构体系共同受力。钢框架可提高楼体底部的抗弯、抗折及承载能力，内侧钢结构则起到核心筒作用，具有良好的抗风、抗剪性能。过去，钢结构＋MiC 无法突破高层建筑的主要原因在于连接点的设计，由于安装空间的限制，钢结构＋MiC 无法使用钢结构常用的焊接连接，而传统的模块中，低层模块的螺栓连接无法给高层提供等强连接。如今，研发了一种新型的模块化灌浆节点，通过节点区域栓钉和混凝土的咬合握裹作用，实现模块间连接的刚接和等强，经哈尔滨工业大学结构实验室足尺拟静力试验，证明连接可靠安全，适用于高层建筑，实现了钢结构模块之间的刚性连接，并真正实现了绿色建造和智慧建造。

MiC 箱体在工厂流水加工，箱体钢框架及钢结构加工采用机器人焊接，提高焊缝焊接质量和效率，同时还能有效减少工人劳动作业时间，减少职业病危害。

2. AI＋VR 应用技术

BIM 技术可清晰掌握项目进度，吊钩视频监控球帮助司机实时掌握吊装动态，AI 技术实现远程生产调度，720 度全景“鹰眼”摄像机实时监测整个施工情况，如图 8.6-2 所示。项目在施工阶段，BIM 的精准性作用也更为显现，小到钢筋间的距离，大到项目的进度，BIM 技术都可实现建设进展的实时更新。

图 8.6-2　AI＋VR 应用

3. 采用“云监工”技术

从 MiC 箱体在工厂预制开始到箱体验收、检查发货、中途运输、现场收货，最后进行吊装，按需设置 7 个监控节点，对装配式建筑产品生产与施工进行智能化管理，如图 8.6-3 所示。对于箱体的生产、运输、安装等所有环节，管理人员可以通过手机或计算机时刻动态查看每个箱体的状态，合理安排施工现场生产调度和工厂加工进度，进而更加合理科学地铺排现场工期和场布。

图 8.6-3 “云监工”技术

4. C-smart 智慧工地管理系统技术

进入数字化时代，建筑业作为我国国民经济的重要支柱，也开始积极推进数字化转型。而“智慧工地”无疑是未来建筑施工行业管理的大势所趋。

针对智慧工地管理，我司下属单位中建海宏科技有限公司研发的 C-Smart 智慧工地系统犹如人体的“大脑”，将相关数据信息都能传输到指挥中心的大屏上，其原理是通过八个模块的合作，将相关信息呈现出来，如图 8.6-4 所示。这些模块包括项目进度、物资管理、人员管理、机械管理等方面，其中包含 28 项智慧化管理系统，如环境监测系统、四位一体闸机接驳系统、现场监控系统、5G 数字化广播系统等。凭借这些系统，能够帮助施工方和业主等管理者来全面了解现场施工情况。在项目的安全管理方面，采用了信息化的手段辅助项目管理人员进行安全巡检工作，即通过手机小程序将现场发现的安全隐患、质量问题进行上传，然后按照整改、复查的操作流程进行，从而形成一个完整的闭环。为减少施工活动对环境的负面影响，项目通过环境监测设备实时监测施工现场环境变化。例如，利用自动喷淋设备进行降尘作业；借助视频＋AI，针对出场车辆冲洗进行智能检测，如未彻底冲洗，便会在平台报警并录入系统，有效地杜绝了场外扬尘。另外还有巡到位检到位系统，它通过设置在一个至高点的全景摄像机，形成全景拼图，利用远程测距功能可以精准地测量出一段钢筋的距离。

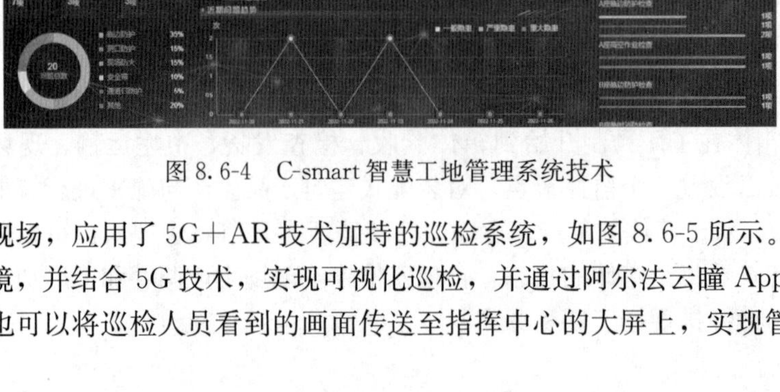

图 8.6-4 C-smart 智慧工地管理系统技术

在项目现场，应用了 5G＋AR 技术加持的巡检系统，如图 8.6-5 所示。该系统采用双目 AR 眼镜，并结合 5G 技术，实现可视化巡检，并通过阿尔法云瞳 App 实时记录反馈。另外，也可以将巡检人员看到的画面传送至指挥中心的大屏上，实现管理人员远程生产调度和技术支持。

图 8. 6-5　5G＋AR 技术加持巡检系统

项目借助设备监测系统平台，实现对整个项目塔机的重量、力矩、高度、幅度、角度、速度、风速等数据的实时监测。同时，系统还具备塔群防碰撞功能，并支持塔机司机人脸识别，保证司机持证上岗。项目充分利用人脸识别技术、全天候视频监控、环境监测系统、塔吊安全监控系统等实现对工地人员、车辆、消防、环境等智慧化管理，从而从源头上减少工地安全隐患。

在项目建造过程中，积极践行节能降耗、绿色施工的理念。如配电箱监测系统的应用，该系统通过安装在配电箱内的传感器，可实时监测配电箱是否过温过载，如果发现问题可及时进行处理，如图 8. 6-6 所示；智能水电监测系统的应用，该系统可以实时监测到项目现场的水电消耗量，并支持报表统计，为项目节能降耗和绿色生产提供了数据支持。

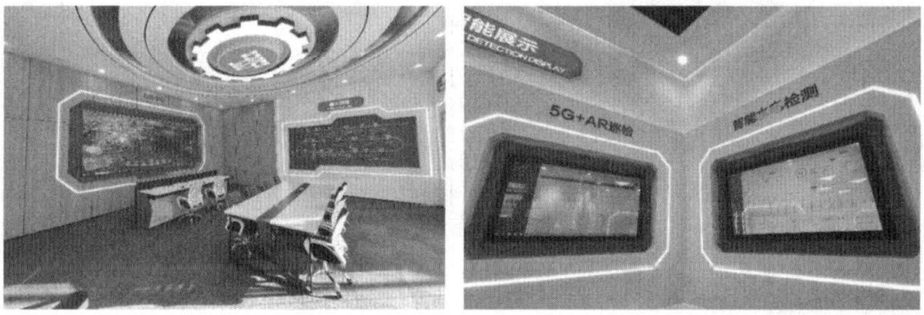

图 8. 6-6　配电箱监测系统

5. 低碳管理及认证技术

烟台滨海健康驿站项目聘请了国际顶尖机构——艾奕康设计与咨询（深圳）有限公司，对项目进行专业化的碳排放认证。该项目以国际碳核算标准为计算依据，采用全生命周期（LCA）碳排放核算法对本项目进行全生命周期的碳排放核算。在项目成立到投入使用，对碳排放进行全过程统计分析，并出具过程阶段报告，及时反馈给各参建方。各参建方调整优化相关施工过程碳排放管理，对建造施工阶段进行重点分析，同时提供实施和监测等技术建议，供项目采用，确保项目达到施工过程碳排放管理目标。

6. 结构健康监测技术

结构健康监测是土木工程领域伴随先进传感、物联网、大数据、人工智能等新一代信息技术而蓬勃发展起来的新型信息化工程技术，是准确把握原型结构真实状态的有效手段，也是绿色智能建造的重要组成部分。

为实时收集高层钢结构 MiC 建筑的健康状态，项目部与清华大学土木工程系联合采用先进的基于布里渊频移的分布式光纤传感技术进行结构健康监测。该技术具有高精度、长测量距离以及分布式和长期性的优点，可以实现在空间上的连续应变、温度测量，从而反演内力，验证结构设计、分析、试验时的假定和所采用的参数，为新技术的发展及应用提供建议。同时，其可以在施工和使用阶段监测结构性能及其变化，为结构健康评估提供数据支持，及时发现安全隐患并发出预警。这也是分布式光纤应变和温度传感技术首次在模块化房屋上的大规模应用。

监测仪器布置在工厂内，转换层和水平支撑则设置在现场，光纤安装方法：钢材表面清理—粘贴（预张拉、不要小角度弯折）—通路测试—接头保护—防腐防火漆；在箱体运输和安装过程中：要注重光纤保护；在现场：再次通路测试—在走廊侧熔接—每层一个回路，沿竖井接到控制室。

在建造及交付使用后，可以在全生命周期对箱体使用进行动态监测及实时上传数据，并做出分析，如图 8.6-7 所示。

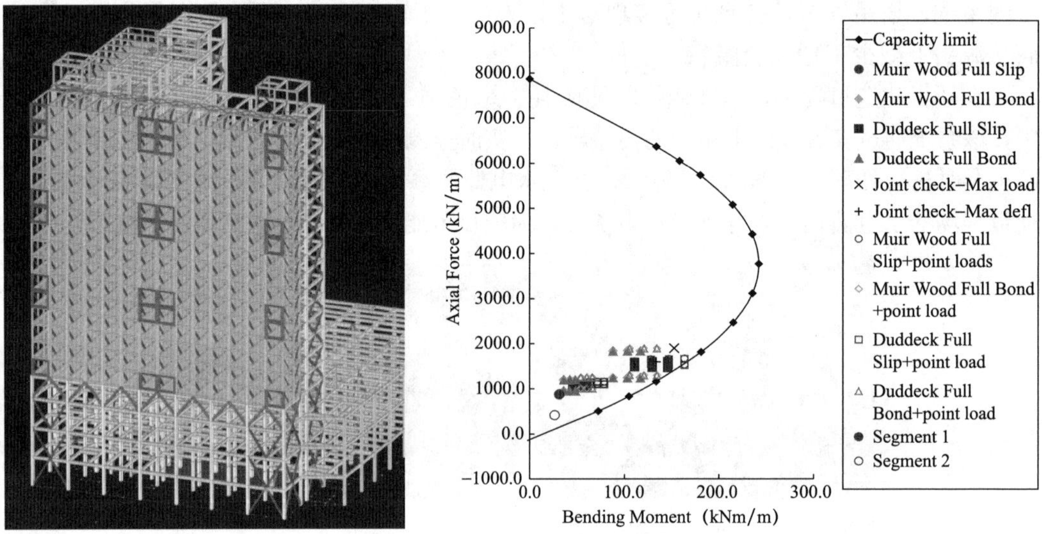

图 8.6-7　结构健康监测

7. BIM 技术应用

（1）基于可视化的 BIM 模型在设计安全性、合理性、可建造性等方面进行审核，可发现图纸中 80%以上的潜在问题，从而做到提前更正，有效提高工程质量。

（2）基于可视化的 BIM 模型可模拟的特性，对施工场地进行合理布局，明确划分各功能区，对工程机械合理定位，确保施工期间各物料可方便、快捷地输送到工作区，进而提高工作效率和质量。

（3）基于可视化的 BIM 模型在深化设计、综合协调及工序进度安排方面，可从合理性、可建造性、美观性等方面达到有效的平衡，提高一次性建造成功率、安装合格率，提升工程效率和质量。

（4）基于可视化的 BIM 模型进行建筑、结构、机电设备、风、水、气、消防、及桥架等各专业之间的碰撞检查，能够在施工前期就解决此类碰撞和净空不一致等问题，优化施工流程和方案，以提高工程质量。

（5）基于可视化的 BIM 模型对支吊架、预留空洞、管线设备安装等进行施工方案深化，在充分考虑碰撞、安装、净空、维护、美观等综合因素后，对模型进行深化更新，使用深化后的模型，按施工需要输出相应的平、剖、立面节点大样图，为施工提供指导，避免返工事件的发生，提高工程质量。

（6）基于 BIM 可视化技术对管线、设备安装、装配机施工等复杂工序，提前制作施工方案模拟，找到可能存在的问题，优化施工工艺流程，确定合理的施工方案，确保施工顺利进行，提高工程质量。

（7）可利用 BIM 的协同性，让参与方之间信息基于同一个 BIM 模型、同一套施工 BIM 图纸、同一 BIM 管理平台进行管理，让信息互相传递，并且保持一致，使沟通更加顺畅，配合更加协调。

（8）基于 BIM 能够有效地进行项目的 4D 施工进度管控，结合 BIM 施工模型、三维施工图、施工重难点方案模拟动画，减少施工过程中的返工现象，缩短工期，提前进行施工方案模拟，控制施工质量，做好过程进度报量工作。

（9）基于 BIM 的深化设计，能提前进行 MiC 构件的碰撞检测及优化、机房内设备排布工作，并可以提前进行装配式安装施工工序模拟、路径分析，有效降低施工难度。

作为绿色建造的践行者，该项目全力推进智慧工地、绿色工地建设，助力建筑行业绿色高质量发展。项目着眼于节能降碳和高质量发展目标，通过工业化方式、信息化手段，着力解决现行建造方式中资源消耗大、环境污染严重等突出问题；通过工程总承包、全过程咨询等组织方式，杜绝现行建造方式中粗放式管理、碎片化管理等现象；通过深化改革，改善市场行为不规范等情况；通过推动技术创新、标准提升，积极引导和推动各种新材料、新技术、新工艺建筑产品和服务的供给端集聚，为人民提供更优质的产品和服务。

8. 内推式单元体幕墙施工技术

单元幕墙由于其天生的装配式、高效性，使得其在幕墙工程中的应用越来越多。传统单元幕墙采用的是外挂玻璃幕墙的做法，幕墙骨架在主体结构外侧，安装人员须上下楼层协作，配合起吊设备在建筑外侧进行吊装，高空作业风险较高。而本项目优化单元幕墙的安装方法，采用内推式安装的方式，仅靠安装人员在同层室内协作即可完成安装，避免起吊设备的使用，相较传统外挂式单元幕墙，大大降低了高空作业的风险，同时提高了安装效率，如图 8.6-8 所示。内推式幕墙单元板块运到现场后，通过施工升降机将单元板块运送至各楼层相应位置，然后通过人工在室内进行单元板块的安装，无须采用吊篮、塔吊、外架等设备，并且现场可以多层同时安装作业，效率显著提高，可节省工期达 60%。

图 8.6-8　内推式安装

内推式单元幕墙相较于外挂式单元幕墙，在安装过程中仅需 5～6 人在同层室内协作 10 分钟左右即可完成一樘安装，降低了临边作业风险，安全性、安装效率较高。由于其特有的内装式结构，这种单元幕墙无须铝合金地台码和铝合金挂件，结构本身成本更低。同时，减少了机械设备的使用，安装效率反而更高，使其经济性更好。

9. 楼承板免落地回顶施工技术

钢筋桁架混凝土组合板免落地回顶与传统的满堂架、盘扣架支撑相比，其节约了人工，减少了空间占用率，提高了施工效率，降低了工程造价，进而提高了工作经济效益。此外，它还能提高施工质量，简化施工过程中繁多的扣件、步长跨距质量控制，对于提高组合板浇筑的施工效率具有很大帮助。

该技术采用刚性结构固定于主梁下翼缘板上端，并结合连接件形成组合固定架。在固定架上设置若干支撑杆，支撑杆上固定设置有支撑座，支撑座与支撑杆相连通。支撑座上设有顶升机构，且顶升机构与支撑座相扣合。这种设计形成了“钢筋桁架混凝土组合板免落地临时支撑”系统，如图 8.6-9 所示。

借助主体结构钢梁钢柱的稳定性与刚性，该技术采用不需要额外加工、不会产生额外复杂工序，同时兼顾整体安全稳定性，安拆方便的临时支撑结构。采用钢管链接平行槽钢形成组合固定架，在节点位置额外设置钢管加固薄弱环节。在此组合固定架的基础上，固定带卡托的钢管以形成竖向结构，卡托上顶托木方或槽钢形成钢筋桁架下部主龙骨，形成上不荷载分散至组合固定架上的承载思路，以此避免大跨度楼承板下部空间的占用，并节省了下部支撑的安拆及周转时间，从而实现质量控制和工期的相关要求。

图 8.6-9　钢筋桁架混凝土组合板免落地临时支撑

8.7　亮点经验

高层 MiC 施工工法克服了多层 MiC 占地面积大、无法高效合理地利用有限的空间短板。该工法通过模块＋钢框架结构设计，模块围绕内 L 形钢框架结构布置，使钢框架结构部分承受绝大部分建筑的水平地震力和风荷载，从而大大提高建筑的抗台风、抗地震能力。同时，采用新型装配式 4.0 技术，使绝大部分工作在工厂完成，现场通过模块的拼装即可“拎包入住”，能够实现像造汽车一样造房子。MiC 快速建造以模块化技术作为建筑废弃物源头减量最重要的技术手段，在工厂生产实现原材料精细化管控，减少材料浪费。引入全自动焊接机器人、幕墙自动化开料生产和自动化码件生产等绿色工艺，提高了生产环节的智能化水平、改善了生产环境。新型装配式技术不仅能够大大缩短工期，还促进了建筑行业的绿色可持续发展，实现了节能减排和降低建筑行业碳排放，助力碳达峰和碳中和。

1. 在科技质量奖项方面

截止到 2024 年年底，本项目已累计获得国家实用新型专利 7 项，国家发明专利 2 项，荣获 3311 科技推广奖三等奖 1 项，同时荣获山东省新型建筑工业化（绿色建造方向）示范计划项目、山东省建筑业新技术应用创新竞赛二等奖等省级科技奖项 3 项，烟台市优质结构工程奖 1 项，以及烟台市级工法 2 项、论文 3 篇、烟台市 QC 二等奖 4 项、三等奖 6 项。共计各类科技、质量奖项 30 余项。其中，2024 年度获得国家实用新型专利 6 项，核心论文 1 篇，公司科创先锋项目等荣誉。此外，与清华大学合作的“分布式光纤传感在新型模块化建筑健康监测中的应用”已在《工业建筑》期刊首发。如图 8.7-1～图 8.7-3 所示。

图 8.7-1　国家专利

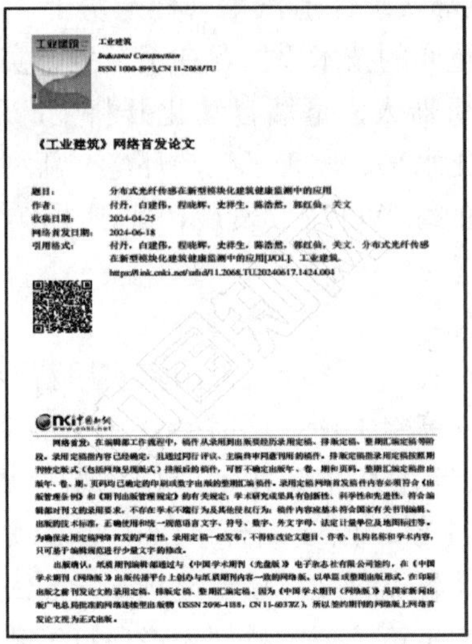

工业建筑
Industrial Construction
ISSN 1000-8993,CN 11-2068/TU

《工业建筑》网络首发论文

题目：　分布式光纤传感在新型模块化建筑健康监测中的应用
作者：　付丹，白建伟，程晓辉，史祥生，陈浩然，郭红仙，关文
收稿日期：　2024-04-25
网络首发日期：　2024-06-18
引用格式：　付丹，白建伟，程晓辉，史祥生，陈浩然，郭红仙，关文．分布式光纤传感在新型模块化建筑健康监测中的应用[J/OL]．工业建筑．
https://link.cnki.net/urlid/11.2068.TU.20240617.1424.004

网络首发：在编辑部工作流程中，稿件从录用到出版要经历录用定稿、排版定稿、整期汇编定稿等阶段。录用定稿指内容已经确定，且通过同行评议、主编终审同意刊用的稿件。排版定稿指录用定稿按照期刊特定版式（包括网络呈现版式）排版后的稿件，可暂不确定出版年、卷、期和页码。整期汇编定稿指出版年、卷、期、页码均已确定的印刷或数字出版的整期汇编稿件。录用定稿网络首发稿件内容必须符合《出版管理条例》和《期刊出版管理规定》的有关规定；学术研究成果具有创新性、科学性和先进性，符合编辑部对刊文的录用要求，不存在学术不端行为及其他侵权行为；稿件内容应基本符合国家有关书刊编辑、出版的技术标准，正确使用和统一规范语言文字、符号、数字、外文字母、法定计量单位及地图标注等。为确保录用定稿网络首发的严肃性，录用定稿一经发布，不得修改论文题目、作者、机构名称和学术内容，只可基于编辑规范进行少量文字的修改。

出版确认：纸质期刊编辑部通过与《中国学术期刊（光盘版）》电子杂志社有限公司签约，在《中国学术期刊（网络版）》出版传播平台上创办与纸质期刊内容一致的网络版，以单篇或整期出版形式，在印刷出版之前刊发论文的录用定稿、排版定稿、整期汇编定稿。因为《中国学术期刊（网络版）》是国家新闻出版广电总局批准的网络连续型出版物（ISSN 2096-4188，CN 11-6037Z），所以签约期刊的网络版上网络首发论文视为正式出版。

图 8.7-2　核心期刊论文

图 8.7-3　新技术应用和 3311 科技推广奖获奖证书

2. 绿色安全文明管理方面

本项目先后获得“烟台市三星级智慧工地”“烟台市建筑施工安全生产五星级达标工地”“山东省建筑施工安全文明标准化工地”“优秀施工企业”等多项殊荣。此外，项目还获得共青团山东省委、山东省应急管理厅颁发的“山东省青年安全生产示范岗”，以及山东省新型建筑工业化（绿色建造方向）示范计划项目、山东省绿色建筑与建筑节能试点示范项目等的认定，如图 8.7-4 所示。

图 8.7-4　安全文明施工类奖项

3. 社会影响力及示范作用方面

本项目先后接待了住建部、中建集团、山东省住建厅、烟台市及清华大学、哈尔滨工业大学、济南大学、烟台大学等机构的观摩 20 余次，起到了非常好的绿色建造的示范和宣传作用。2024 年 2 月，项目获得了烟台市人民政府颁发的“感谢信”。烟台市莱山区滨海健康驿站项目采用的“钢＋MiC”在科技建造、节能减排方面成为烟台市的标杆，项目团队得到了烟台市政府的充分肯定。同时，项目团队的履约精神得到了业主烟台凤凰文旅集团的充分肯定，获得了业主单位的“感谢信”。如图 8.7-5 和图 8.7-6 所示。

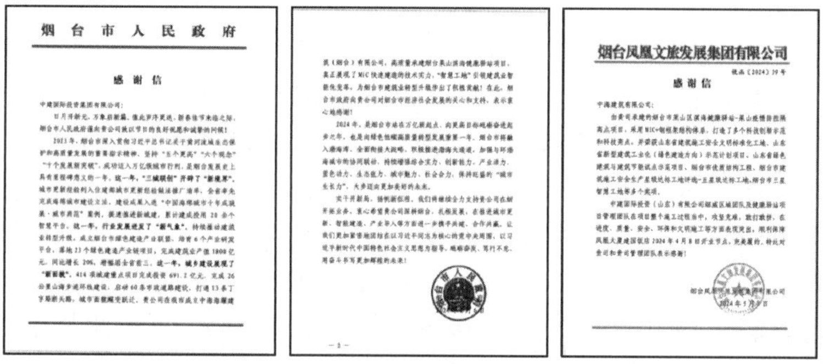
烟台市人民政府

感谢信

中建国际投资集团有限公司：

烟台凤凰文旅发展集团有限公司

感谢信

中海建筑有限公司：

图 8.7-5　烟台市人民政府及政府平台感谢信

图 8.7-6　示范作用与市场推广

第 9 章　费县乡村振兴培训中心项目

9.1　工程概况

费县乡村振兴培训中心项目位于临沂市费县，工程类型为公共建筑，建设项目占地面积 122 亩，总建筑面积 8.15 万 m^2，工程总造价 5.86 亿元，由综合楼、综合报告厅、综合服务楼、1# ～4# 学员公寓楼、洪沟河人防单建工程等 8 个单体组成，如图 9.1-1 所示。项目基础形式为下柱墩＋筏板基础，基坑开挖深度最大达 8.9m，主体为框架结构，是一座集教学科研、专题讲座、干部培训于一体的智能化红色教育基地。该项目于 2022 年 10 月 15 日开工，竣工日期为 2023 年 12 月 15 日。

工程北侧紧靠莽龙山，依山而建，南侧为费县南外环路，路南侧紧邻费城街道十里铺村，东侧紧邻费县大唐学府寄宿制学校，西侧临近费县洪沟河。建设过程中面临多重挑战：①现场平面策划管理难度大；②工期紧张，穿插施工，交叉作业多，专业协调复杂；③工程依山而建，地势南低北高，且工程地下车库均为人防工程，集水坑、下柱墩标高复杂，开挖施工控制难度大；④高大模板支设多，安全控制难度大；⑤工程斜屋面，坡度达 43 度，斜度控制难度大；⑥地下车库金刚砂地面平整度要求高；⑦幕墙工程施工面积大，不同材料、板块拼接安装复杂；⑧内面装饰复杂，质量要求高；⑨295 个管井、电井施工工序繁多，穿插施工难度大；⑩安装工程布排要求高、系统联动调试难度大等。

图 9.1-1　工程效果图

9.2　绿色策划

根据山东省绿色建造示范工程评价指标，项目各参与方共同编制了项目绿色策划方案，如图 9.2-1 所示，明确了绿色建造总体目标和资源节约、环境保护、减少碳排放、品质提升、职业健康安全等分项目标，如绿色设计策划、绿色施工策划、绿色交付策划等，并确定拟达到的绿色分项指标，以及编制了绿色建造总体方案。最后对各方参与编制的实施记录进行资料留存。

图 9.2-1　绿色建造总体方案研讨交底

1. 绿色组织策划

(1) 建设单位在建筑工程立项阶段组织编制了项目绿色策划方案，项目各参与方均遵照执行（见表 9.2-1）。

表 9.2-1　绿色建造策划管理机构

项目参与单位	单位名称
建设单位	山东城资国有资产运营（集团）有限公司
监理单位	山东大宇建设项目管理房地产评估有限公司
设计单位	山东大卫国际建筑设计有限公司
施工单位	天元建设集团有限公司
勘察单位	山东地矿开元工程科技有限公司

(2) 成立了绿色建造专业指导小组，针对绿色建造提供咨询、研究、决策和评估支持，如图 9.2-2 所示。

(3) 施工方成立了以项目经理为第一责任人的执行、实施制度。

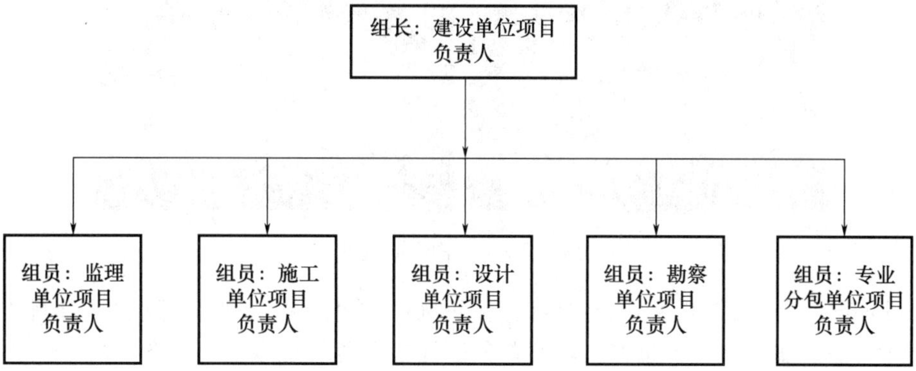

图 9.2-2　绿色建造指导小组

2. 绿色设计策划

(1) 组织设计单位编制了绿色设计策划书，确定了绿色设计目标与实施路径，明确了主要的绿色设计指标和对应的主要技术措施。针对影响工程绿色建造的重大变更组织专家进行论证，并将专家意见形成书面资料，据此调整实施方案。本项目在针对建筑的基础进行设计工作中，对建筑所在区域的地质情况进行了有效的勘查，并且依照实际的地质条件构成特点来进行合理的判断，按照审查通过的工程地质岩土勘察进行基础设计，并对基础方案进行综合分析和比较，从中选择最优方案，达到节水、节材、节能、节约的建造目的。在结构设计中，不盲目追求建筑的外在形态，而背离设计的安全可靠、经济美观的基本原则。另外，严格按照建筑的使用功能、整体受力特性以及相关设计规范、标准的要求，尽可能地节能节材，以此来实现整个建筑结构的安全性和绿色设计目标。不同的建筑选择合理的结构受力体系及平面布置方案，在满足既定目标的同时合理选择合适截面尺寸、围护结构材料，同时考虑施工的简便性。

(2) 根据绿色建造目标与项目定位，在综合技术经济可行性分析的基础上，确定绿色设计目标与实施路径，并明确主要绿色设计指标和技术措施。

(3) 明确绿色建材选用依据、总体技术性能指标，确定绿色建材的使用率。

(4) 推进建筑、结构、机电设备、装饰装修等专业的系统化集成设计。

(5) 综合考虑生产、施工的便易性，提出全过程、全专业、各参与方之间的一体化协同设计要求。

(6) 以保障性能综合最优为目标，对场地、建筑空间、室内环境、建筑设备进行全面统筹。

(7) 通过绿色策划推动全过程数字化、网络化、智能化技术应用，积极采用 BIM 技术，利用基于统一数据及接口标准的信息管理平台，支撑各参与方、各阶段的信息共享与传递。

(8) 建立了涵盖设计、生产、施工等不同阶段的协同设计机制，提出全过程、全专业、各参与方之间的一体化协同设计要求，实现工程全寿命期系统化集成设计。

(9) 制定施工方案，推进 BIM 与项目、企业管理信息系统集成应用的措施，推动 BIM 与城市信息模型（CIM）平台以及建筑产业互联网的融通联动方案的实施。

(10) 采用结构大开洞设计，结合屋顶开设采光天窗（综合楼），最大限度地利用自然通风采光，减少空调和照明产生的能耗，如图 9.2-3 所示。

图 9.2-3　结构开洞设计

(11) 设计 3 个变配电室，位置接近负荷中心，供电半径合理，变电所高压配电室设置量电柜，采用高供高量计量方式，设置分项计量电能管理系统，如图 9.2-4 和图 9.2-5 所示。

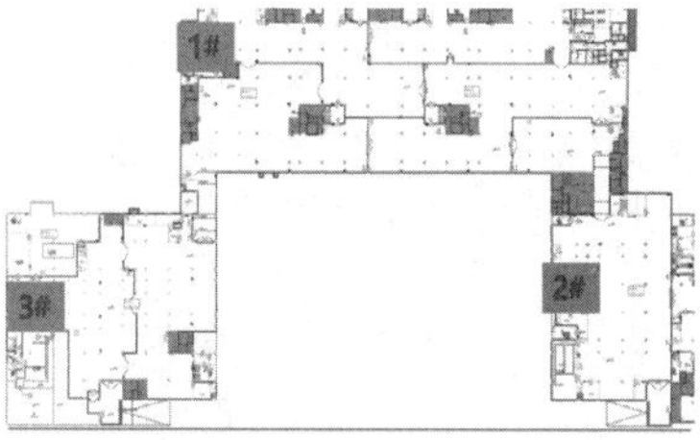

图 9.2-4　变配电室分布图

图 9.2-5　变配电室

（12）空调冷源采用磁悬浮变频冷水机组＋冷却塔，冷却塔采取超低噪音逆流方塔，为减少噪声及震动对主楼的影响，空调冷却塔单独设置在远离单体的绿化内，以降低噪声，实现环保节能，如图 9.2-6 所示。

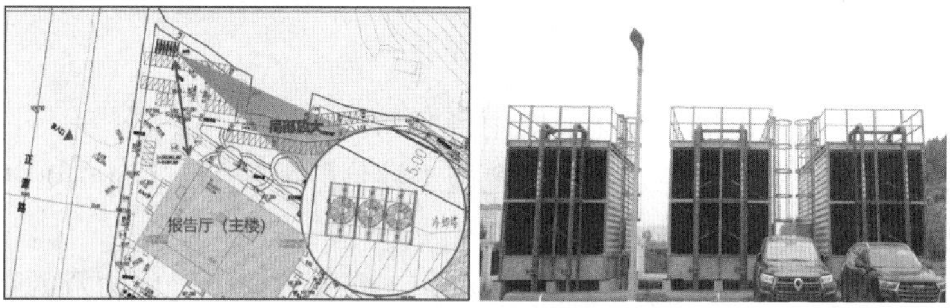

图 9.2-6　磁悬浮变频冷水机组＋冷却塔

（13）外围护墙体采用 ALC 板，通过发挥建筑材料自身保温性能，改善室内温度，充分起到节能减排作用，如图 9.2-7 所示。

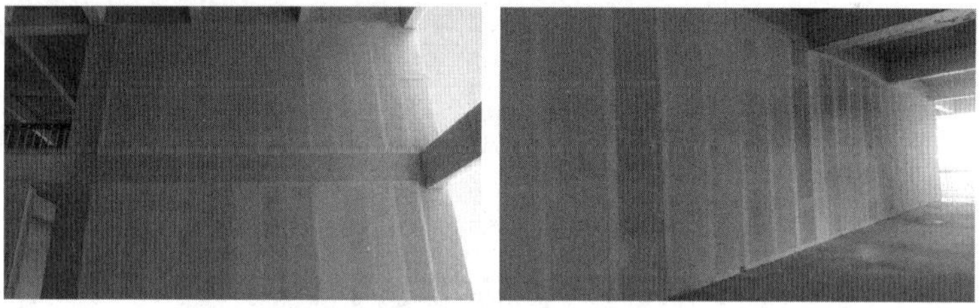

图 9.2-7　ALC 板施工效果

3. 绿色施工策划

（1）按照现行山东省工程建设标准《建筑与市政工程绿色施工管理标准》DB37/T 5086 规定开展绿色施工策划工作，由费县乡村振兴培训中心项目部编制绿色施工策划书，在其中明确绿色施工目标、指标，并制定相应的绿色施工措施，如图 9.2-8 所示。

（2）绿色策划方案因地制宜地对建造全过程、全要素进行统筹，明确绿色建造实施路径，体现绿色化、工业化、信息化、集约化和产业化的特征。

（3）绿色策划方案确定了项目定位和组织架构，明确各阶段的主要控制指标。同时，对项目的综合成本与效益进行分析，制订主要的工作计划。

（4）绿色策划须制定合理的减排方案，建立碳排放管理体系，并应明确建筑垃圾减量化等目标。

（5）绿色策划须结合工程实际情况，综合考虑技术水平、成本投入与效益产出等因

图 9.2-8　指导手册

素，确定智能建造、新型建筑工业化的应用目标和实施路径。

（6）按照现行国家标准《建筑工程绿色施工评价标准》GB/T 50640 中的优良级别，明确项目绿色施工关键指标。

（7）对生态环境保护、资源节约与循环利用、碳排放降低、人力资源节约及职业健康安全等进行总体分析，策划适宜的绿色施工技术路径与措施。

（8）通过 BIM 三维场布对“三区”进行整体的策划部署，以确保消防、安全、独立等安全规范的规定，如图 9.2-9 所示。

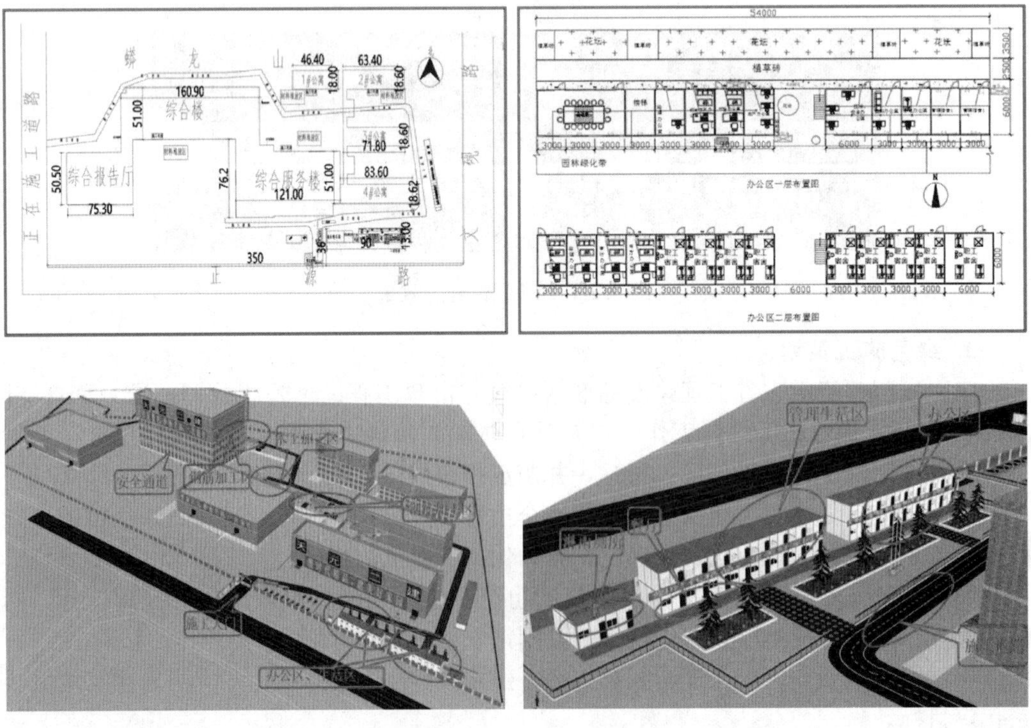

图 9.2-9　场地布置策划

4. 绿色交付策划

（1）采用全过程工程咨询管理服务模式，通过多种服务方式为项目的工程管理和运营工作提供优秀的解决方案和咨询服务。该模式为工程建设项目全生命周期提供组织保障、投资成本、项目建设活动等工程咨询管理服务。

（2）费县乡村振兴培训中心项目部制定了绿色建造项目的交付内容及交付标准，明确各阶段责任主体、交付成果及综合效能调适和绿色建造效果评估内容和方式。

（3）对生态环境保护、资源节约与循环利用、碳排放降低、人力资源节约及职业健康安全等进行总体分析，并策划适宜的绿色建造技术路径与措施。

（4）根据建筑类型和运营维护需求，确定绿色建造项目的实体交付内容及交付标准。

（5）按照城市信息化建设要求和运营维护的需求，制定数字化交付标准和方案，明确各阶段的责任主体和交付成果，如图 9.2-10 所示。

图 9.2-10　数字化交付方案

（6）明确综合效能调适及绿色建造效果评估的内容及交付方式，如图 9.2-11 所示。

图 9.2-11　工程交付说明书

9.3 绿色设计

（1）项目绿色建筑标准。

本项目绿色建筑标准按照二星级标准进行设计，二星级绿色建筑规定进行全装修，其中全装修工程质量、选用材料及产品质量符合国家现行有关标准的规定，其评定总分不低于70分。

（2）二星级相关标准控制项。

① 绿色建筑评价在建筑工程竣工后进行。在建筑工程施工图设计完成后，项目部积极组织专家进行绿色建筑设计预评价，并形成专家预评价意见资料，预评价包括安全耐久、健康舒适、生活便利、资源节约、环境宜居、提高与创新设计标准等。

② 使用获得绿色建材评价认证标识的主要建筑材料和产品，采用高强、高性能材料，不采用列入国家、行业、地方政府限制、禁止使用目录的材料、产品、设备及技术，并对设计采用的材料、产品、设备及技术清单进行严格检查控制。选用可再循环材料、可再利用材料、利废建材，其中，可再循环材料或可再利用材料用量比例在公共建筑中达到10%；利废建材占同类建材比例达到50%。

③ 设计策划阶段，重点选择地方性建筑材料和当地推广使用的建筑材料，本项目采用的可再循环材料使用量要求占所用相应建筑材料总量的10%以上。活动配件选用长寿命产品，并考虑部品之间合理的寿命匹配性。当不同使用寿命的部品组合时，构造应便于分别拆换、更新和升级。

④ 装配式建筑构造节点、部品部件加工工艺需100%进行深化设计。采用的标准化构件和部件，集成化模块化建筑构件和部件，以提高工程品质，并降低运行维护成本。在钢筋、混凝土、装配式部品部件、门窗、幕墙等主要建筑材料选用方面，绿色建材比例不低于30%。同时，需保证设计时混凝土结构中400MPa及以上钢筋使用比例不低于85%，或竖向承重结构C50及以上混凝土使用量占竖向承重结构的50%；钢结构中Q355钢材使用比例不低50%，或螺栓连接等非现场焊接比例不低于50%。

（3）设计结构选用标准。

设计采用建筑形体和布置规则的混凝土框架结构。该结构造型简约、无大量装饰性构件。建筑门窗、幕墙、围栏及其配件的力学性能、热工性能和耐久性等均应符合相应产品标准规定，并应满足设计使用年限要求。

（4）设计合理化要求。

设计过程中，有效利用地域自然条件，尊重城市肌理和地域风貌，从而实现建筑布局、交通组织、场地环境、场地设施和管网的合理设计。利用地域自然条件和地域风貌，合理设计建筑布局、交通组织、场地环境和场地设施及管网。

（5）建筑垃圾减量化。

本项目100%按照《住房和城乡建设部关于推进建筑垃圾减量化的指导意见》（建质〔2020〕46号）的有关规定进行设计。通过加强对建筑垃圾源头上的管控，杜绝大量建筑垃圾的产生，承担起建筑垃圾减量化的首要责任。具体措施包括：将建筑垃圾减量化目标和措施纳入招标文件和合同文本，将建筑垃圾减量化措施费纳入工程概算，并监督设计、施工、监理单位具体落实。根据绿色建造目标并结合项目定位，在综合技术经济可行性分析的基础上，确定绿色设计目标与实施路径，明确主要绿色设计指标和技术措施。

（6）推进建筑、结构、机电设备、装饰装修等专业的系统化集成设计。

（7）以保障性能综合最优为目标，对场地、建筑空间、室内环境、建筑设备进行全面统筹规划。

（8）明确绿色建材选用的依据、总体技术性能指标，并确定绿色建材的使用率。

（9）设计过程中集成应用BIM技术，计划在设计过程中积累5个及以上可重复利用及标准化部品构件，丰富和完善BIM构件库资源、地理信息系统（GIS）、三维测量等信息技术及模拟分析软件。进行性能模拟分析、设计优化和阶段成果交付，采用BIM正向设计，优化设计流程，支撑不同专业之间以及设计与生产、施工的数据交换和信息共享，并综合考虑生产、施工的便易性，提出全过程、全专业、各参与方之间的一体化协同设计要求，采用BIM协同设计平台系统，集成技术措施、产品性能清单、成本数据库等。

（10）根据本项目的建筑规模、用途、能源条件以及国家和地区节能环保政策，对冷热源方案进行综合论证，设计时合理利用浅层地能、太阳能（居住建筑）、风能等可再生能源以及余热资源，采用光储直柔、光电一体化、建筑储能、可再生能源主动干预等技术。

（11）设计时充分体现海绵城市建设理念，采用“渗、滞、蓄、净、用、排”等措施，对施工期间及建筑竣工后的场地雨水进行有效统筹控制，确保溢流排放应与城市雨水排放系统衔接。

（12）采用有利于建造全过程的投资和碳排放限额设计，计算建筑全寿命周期碳排放值，并提出结构优化、材料和设备选用等减碳措施。

（13）本项目在建筑设计过程中综合考虑了安全耐久、健康舒适、资源节约、环境宜居等多方面因素，符合绿色建筑的相关要求。

9.4　绿色施工

1. 施工策划与管理

（1）成立以项目经理为主的绿色施工管理小组，项目经理为第一责任人。

（2）成立绿色施工专业指导委员会，对绿色施工进行咨询、研究、决策和评估。

（3）依据“五节一环保”要求，编制绿色施工方案，确定绿色施工量化控制目标和考核指标。

（4）本工程绿色施工管理制度健全，严格按照《绿色施工管理体系手册》组织施工。项目部还建立了绿色施工培训制度，洒水清扫制度，噪声监测制度，限额领料制度，建筑垃圾再生利用制度，建筑材料保管制度，水计量考核制度，施工现场管网、用水器具渗漏检查与维修制度，临时用电管理制度，施工机械管理制度，能耗计量制度，重点能耗设备能源利用监控制度，施工现场平面布置管理制度，卫生急救制度，保健防疫制度，人力资源节约和职业健康安全管理制度，食堂卫生、食材、饮用水、食品留样制度等，如图 9.4-1 和图 9.4-2 所示。

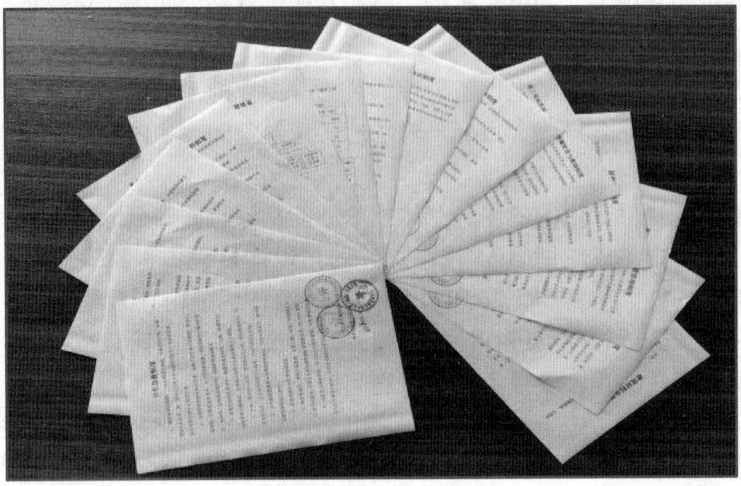

图 9.4-1　制度制定

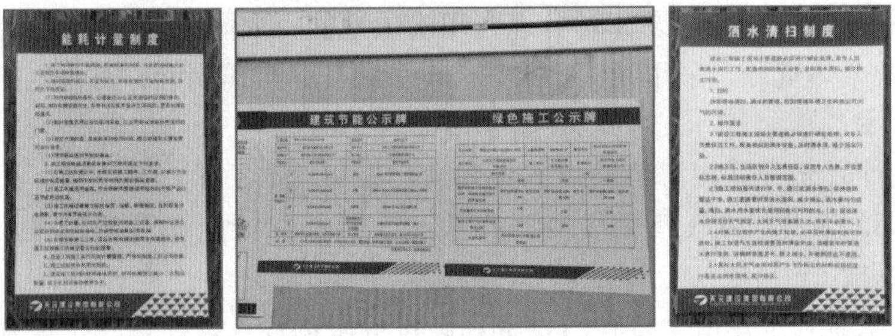

图 9.4-2　制度措施

（5）施工现场实行封闭管理，并设置明显的环境保护、节材、节水、节能、节地、节约人力等绿色施工标识，如图 9.4-3 和图 9.4-4 所示。

图 9.4-3　定型化防护标识

图 9.4-4　绿化标识

（6）对项目全部参建人员进行绿色施工培训，每月组织一次。

（7）签订的分包或劳务合同，以及技术交底均包含绿色施工方面的内容。

（8）施工过程中，采用智慧工地管理系统，以提高项目管理水平。

（9）按要求有计划地组织自我评价，及时总结绿色施工经验。

2. 环境保护

在施工中，重点围绕减噪、控尘、废弃物控制、污水沉淀处理、环保材料选用等方面开展环境保护工作。

（1）噪声污染控制。

本项目严格控制强噪声作业时间，夜间作业时间不超过 22：00。在 22：00 至次日 06：00 时间内不进行强噪声作业，特殊情况需连续作业的，采取降噪措施，并提前告知周边民众。如图 9.4-5～图 9.4-8 所示。

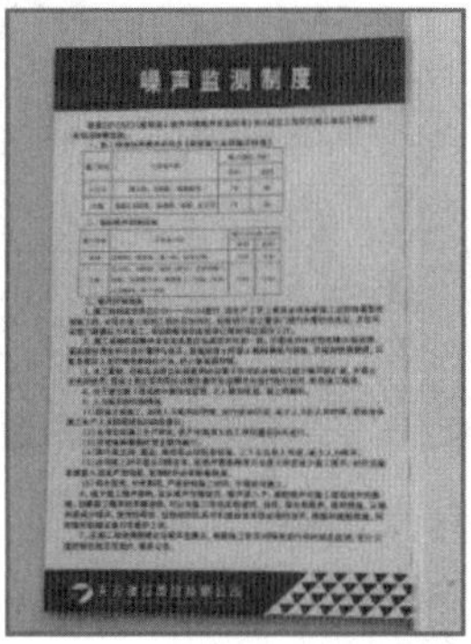

图 9.4-5　噪声监测制度

图 9.4-6　噪声监测系统

图 9.4-7　噪声监测系统

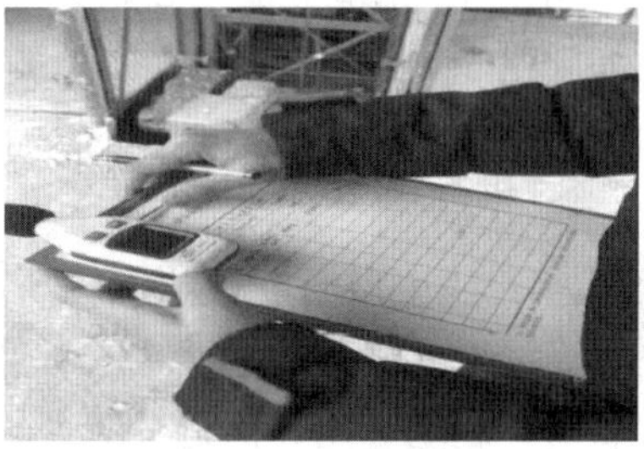

图 9.4-8　噪声监测记录

（2）有害气体排放控制。

① 进出场车辆及机械设备有害气体排放符合国家年检要求。

② 电焊烟气的排放应符合现行国家标准《大气污染物综合排放标准（GB 16297）》的规定。厨房安装油烟净化器，油烟全部净化处理后排放，设置成品隔油池并定期清理。办公区临时卫生间采用预埋成品化粪池，现场安置可移动式卫生间，定期进行清运、消毒并记录。如图 9.4-9～图 9.4-11 所示。

图 9.4-9　油烟净化器

图 9.4-10　油烟机

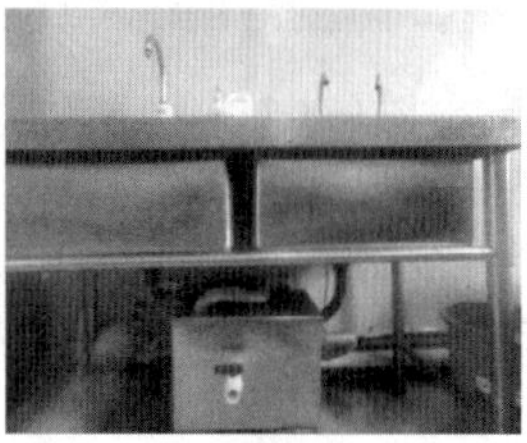

图 9.4-11　成品隔油池

③ 施工现场严禁焚烧各类废弃物。

（3）建筑废弃物控制。

① 制订合理的建筑废弃物减量化计划，采取有效措施，加强建筑废弃物的回收再利用。

② 建筑废弃物按照有关规定分类收集，并集中堆放存放。垃圾桶应分为可回收利用与不可回收利用两类，并定期清运，如图 9.4-12 和图 9.4-13 所示。

图 9.4-12　垃圾分类

图 9.4-13　垃圾通道

③ 碎石类、土石方类建筑垃圾应用作地基和路基回填材料。

（4）水污染保证措施。

① 雨水管理。项目开工前，在进行现场总平面规划时，设计现场雨水管网，并将其与市政雨水管网连接。设计现场污水管网时，确保其不得与雨水管网连接。同时，由项目环保管理员通知进入现场的所有单位，不得将非雨水类污水排入雨水管网。

② 厕所污水。施工现场设置冲水厕所，厕所污水进入化粪池沉淀后，再排入现场污水管网；每天派专人将移动水冲式厕所垃圾清运到化粪池；项目环保管理员负责与当地环卫部门联络，定期对化粪池进行清理。如图 9.4-14 和图 9.4-15 所示。

图 9.4-14　可移动厕所

图 9.4-15　水冲式蹲便器

③ 冲洗污水。在现场各出入口设置洗车槽，所有冲洗车辆产生的污水经二次沉淀后实现循环利用，避免直接排入市政污水管线，如图 9.4-16 和图 9.4-17 所示。

图 9.4-16　洗车机

图 9.4-17　非传统水喷洒路面

（5）光污染保证措施。

尽量避免或减少施工过程中的光污染，如塔吊照明灯采用大型罩式灯，并根据工地的进度及时调整罩灯的角度，在保证施工现场施工作业面有足够光照的前提下，有效控制光对周围居民生活的干扰；对于电焊作业，采取有效的遮挡措施，避免电焊弧外泄。

3. 节材与材料资源利用

（1）各项指标的控制项全部满足相应要求，一般项满足≥10 项，优选项满足≥5 项。

（2）临建设施与安全防护设施采用可拆迁、可回收材料，重复使用率≥70％。

（3）钢材、木材及砖、混凝土、砂浆等主要建筑材料的实际损耗率比定额损耗率降低 50％以上。具体措施包括：现场周材余料等多次重复使用，短方木采用机械连接技术接长使用；钢筋下脚料重新加工利用，制作成养护笼、钢筋马凳；砌块较大废料砌筑防水外墙。如图 9.4-18～图 9.4-21 所示。

图 9.4-18　钢筋马镫

图 9.4-19　同条件试块养护笼

图 9.4-20　砌筑防水保护墙

图 9.4-21　混凝土余料制作预制过梁

（4）建筑材料包装物回收率达到100％，如图9.4-22和图9.4-23所示。

图9.4-22　包装物回收

图9.4-23　包装物利用

（5）可再利用材料用量占建筑材料总用量的比例≥10％。

（6）工具式定型模板的使用面积占模板总面积的比例≥85％。具体措施包括：楼梯踏步、框架柱护角、临边、洞口、挡脚板采用废旧模板防护，通过收集再利用废旧模板，提高了材料的使用率。如图9.4-24和图9.4-25所示。

图9.4-24　楼梯踏步防护

图9.4-25　洞口防护

4. 节水与水资源利用

（1）各项指标的控制项全部满足要求，一般项满足≥5项，优选项满足≥3项。

（2）施工现场节水器具配置率达到100％。

（3）施工现场管网和用水器具零渗漏。

（4）施工现场全部卫生器具的用水效率等级达到2级及以上。

（5）施工中非传统水再利用率≥20％。

（6）办公区、生活区用水量≤10800m³。

（7）生产作业区用水量≤26000m³。

具体措施包括：工程采用井点降水，收集利用地下水用于降尘，应用节水器具，并设置节水标识，节约用水。定期对非传统水源进行检测确保无污染。如图9.4-26～图9.4-30所示。

图 9.4-26　井点降水收集利用

图 9.4-27　降尘

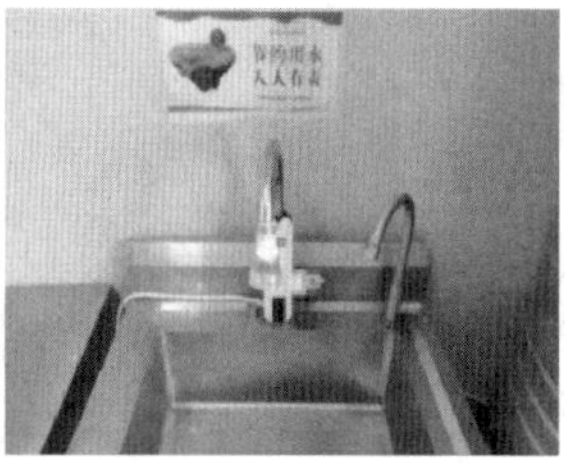

图 9.4-28　节水水龙头

图 9.4-29　节水型卫生器具

检　测　报　告

样品名称：非传统水

委托单位：天元建设集团有限公司

检验类别：委托检验

图 9.4-30　非传统水检测报告

5. 节能与能源利用

（1）各项指标的控制项全部满足要求，一般项满足≥6 项，优选项满足≥3 项。

（2）办公区、生活的用电量≤70000kW·h。

（3）生产作业区的用电量≤160000kW·h。

（4）施工用油量≤130T。

（5）距离施工现场 500km 以内生产的建筑材料及设备重量占比≥70%。

（6）施工现场节能照明灯具使用率达到 100%。

（7）施工现场照明实际照度≤最低照度的 1.2 倍。

（8）施工全过程中碳排放量≤15kg/m^2。

具体措施包括：工程所有灯具均为节能灯具，每间宿舍均安装 36V 的 USB 充电插口，场区布设太阳能路灯，材料就近堆放，方便吊运，热水采用太阳能供热，临时用电采用控制装置，节约电能。同时，用电根据工人作业时间利用限流器进行限流，用电危险性小，火灾风险低，并设置节能标识。如图 9.4-31～图 9.4-36 所示。

6. 节地与土地资源保护

（1）各项指标的控制项全部满足要求，一般项满足≥5 项，优选项满足≥2 项。

（2）办公生活区面积≤1170m^2。

图 9.4-31　节能灯具

图 9.4-32　太阳能路灯

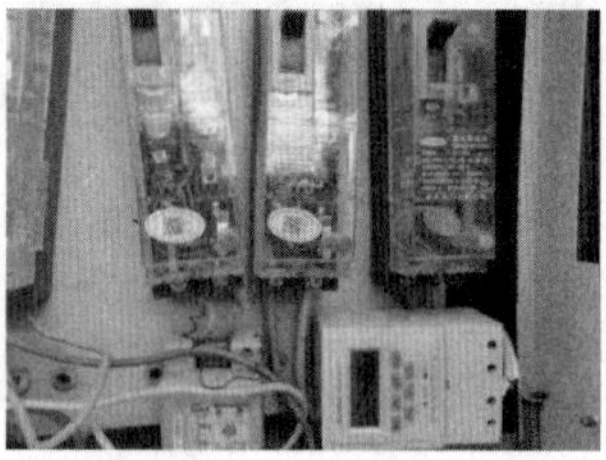

图 9.4-33　用电控制装置

图 9.4-34　料场靠近运输机械

图 9.4-35　变频恒压供水控制柜

图 9.4-36　USB 充电插口

（3）生产作业区面积≤21210m²。

（4）办公区、生活区绿化面积≥300m²。

（5）生产区绿化面积≥260m²。

（6）生产区绿化面积≥场地内总绿化面积的 10%。

（7）临建设施占地面积与临时用地总面积之比≥90%。

（8）不使用黏土砖。

具体措施包括：基坑施工采用喷锚支护，利用 BIM 技术进行模拟，优化开挖支护方案，辅助下柱墩精确测量施工，避免超挖。项目共减少土方开挖 2.5 万 m³。现场基坑内挖出的土方存放于东侧的空地，减少了土方外运，剩余土方用于现场道路回填等。临时道路根据规划作为永久道路路基施工，减少后期施工，场区绿化植被按照永久绿化种植，充分利用资源。如图 9.4-37～图 9.4-40 所示。

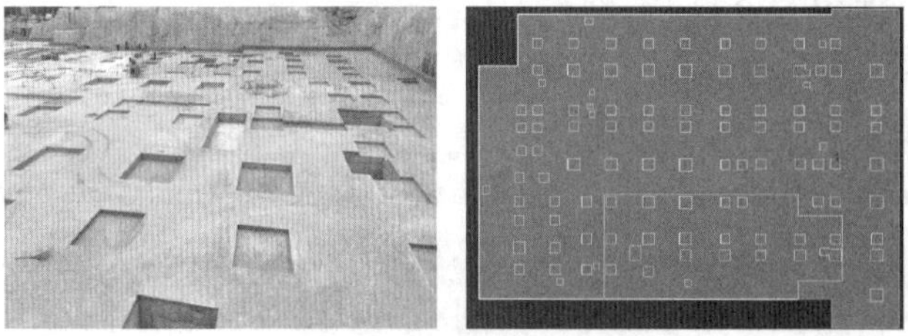

图 9.4-37　下柱墩优化

图 9.4-38　土方内存

图 9.4-39　绿化植被

图 9.4-40　永临结合

7. 人力资源节约与职业健康安全

（1）根据工程进度编制详细的人力资源需求计划。

（2）生活区建造卫生、干净的新型板房，如图 9.4-41 和图 9.4-42 所示。

图 9.4-41　办公区

图 9.4-42　生活区

（3）工地全面实行实名制制度，并编制人员健康登记表，定期进行体检，如图 9.4-43 和图 9.4-44 所示。

图 9.4-43　医务室

图 9.4-44　定期检查身体

（4）实际总用工量比定额用工量降低 3%。

（5）建立个体防护装备领用台账，危险作业环境下的个体防护装备配置率达到 100%。

（6）办公区、生活区与生产区分开设置，现场宿舍人均使用面积不得小于 $2.5m^2$，每间宿舍居住人员不应超过 8 人，并设置可开启式外窗。

（7）施工现场食堂采取下列措施：

① 有食品经营许可证；

② 炊事员持有效健康证；

③ 食堂设置单独的制作间、储藏间；

④ 采取食堂卫生、食材、饮用水、食品留样管理措施。

(8) 施工现场配备足量的常用药品和急救器材，如图 9.4-45 和图 9.4-46 所示。

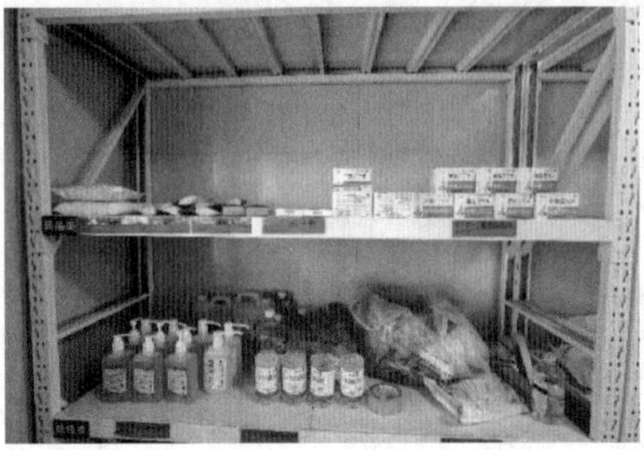

图 9.4-45　常用药品

图 9.4-46　定期检查身体

(9) 编制本工程的季节性施工方案，现场进行防汛抗洪演练、消防应急演练、疫情救急演练等，保证施工安全以及人员安全。如图 9.4-47～图 9.4-52 所示。

图 9.4-47　消防应急演练

图 9.4-48　急救演练

图 9.4-49　危险突发演练

图 9.4-50　防汛抗洪

图 9.4-51　劳保用品

图 9.4-52　消防设备

8. 技术创新与应用

本工程施工中采用了“建筑业 10 项新技术”中的 8 大项、28 个子项，其中包括“建筑业 10 项新技术”的“绿色施工技术”10 个子项。

1) 建筑业 10 项新技术应用

(1) 钢筋与混凝土技术。

① 混凝土裂缝控制技术；

② 高强钢筋应用技术；

③ 高强钢筋直螺纹连接技术。

(2) 模板脚手架技术。

销键型脚手架及支承架。

(3) 钢结构技术。

钢结构防腐防火技术。

(4) 机电安装工程技术。

① 基于BIM的管线综合技术；

② 工业化成品支吊架技术；

③ 机电管线及设备工厂化预制技术；

④ 金属风管预制安装施工技术；

⑤ 机电消声减振综合施工技术；

⑥ 建筑机电系统全过程调试技术。

(5) 绿色施工技术。

① 封闭降水及水收集综合利用技术；

② 建筑垃圾减量化与资源化利用技术；

③ 施工现场太阳能利用技术；

④ 施工扬尘控制技术；

⑤ 施工噪声控制技术；

⑥ 绿色施工在线监测评价技术；

⑦ 工具式定型化临时设施技术；

⑧ 垃圾管道垂直运输技术；

⑨ 混凝土楼地面一次成型技术；

⑩ 建筑物墙体免抹灰技术。

(6) 防水技术与围护结构节能。

种植屋面防水施工技术。

(7) 抗震、加固与检测技术。

消能减震技术。

(8) 信息化技术。

① 基于BIM的现场施工管理信息技术；

② 基于大数据的项目成本分析与控制信息技术；

③ 基于互联网的项目多方协同管理技术；

④ 基于移动互联网的项目动态管理信息技术；

⑤ 基于物联网的劳务管理信息技术。

2) 本工程研发的“四新”技术

(1) 两项发明专利：一项为混凝土浇筑溜槽；另一项为建筑水电安装用开槽设备。如图9.4-53所示。

图 9.4-53　两项发明专利

（2）六项实用新型专利：①基层处理的一体化工具；②坡屋面定型化防护结构；③止水螺杆胶垫快速拆除工具；④密目网高效清洗装置；⑤构造柱钢筋预留模具；⑥建筑工程施工现场标准化临时用电装置。如图 9.4-54 所示。

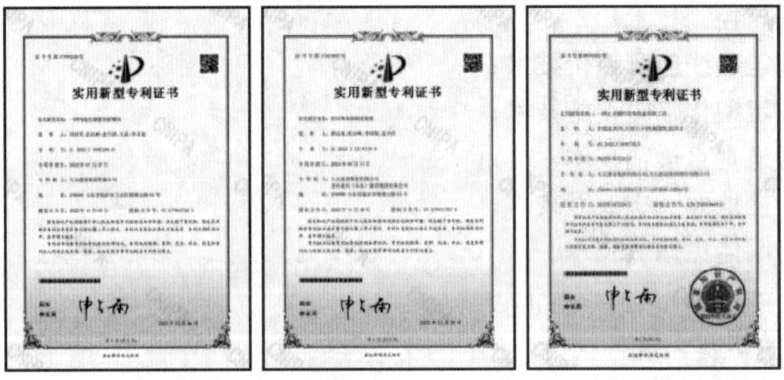

图 9.4-54　六项实用新型专利

（3）六项省级工法：①地板砖圆形地漏口高效施工工法；②可调节组合式悬挑脚手架底部硬防护施工工法；③金属给水管道弧形安装施工工法；④密目式安全网自动清洗施工工法；⑤明敷接地扁铁全自动喷漆施工工法；⑥现浇混凝土泵管清洗废料收集再利用施工工法。如图 9.4-55 所示。

山东省省级工程建设工法证书
工法名称：明敷接地扁铁全自动喷漆施工工法
批准文号：鲁建质监字〔2022〕2号
工法编号：SDSJGF2022334F
完成单位：天元建设集团有限公司
主要完成人：薛迭龙 宋晓东 刘长安 孟令任 李丙俊

山东省省级工程建设工法证书
工法名称：可调节组合式悬挑脚手架底部硬防护施工工法
批准文号：鲁建质监字〔2022〕2号
工法编号：SDSJGF2022340F
完成单位：天元建设集团有限公司
主要完成人：马燕伟 李文迪 尤作专 赵石 窦兆业

山东省省级工程建设工法证书
工法名称：密目式安全网自动清洗施工工法
批准文号：鲁建质监字〔2022〕2号
工法编号：SDSJGF2022344F
完成单位：老兵老兵（山东）建设集团有限公司
天元建设集团有限公司

山东省省级工程建设工法证书
工法名称：金属给水管道弧形安装施工工法
批准文号：鲁建质监字〔2023〕3号
工法编号：SDSJGF2023231F
完成单位：天元建设集团有限公司
临沂市建设安全工程质量服务中心

山东省省级工程建设工法证书
工法名称：地板砖圆形地漏口高效施工工法
批准文号：鲁建质监字〔2023〕3号
工法编号：SDSJGF2023252F
完成单位：天元建设集团有限公司
临沂城市发展集团有限公司

山东省省级工程建设工法证书
工法名称：屋面界缝油膏嵌填施工工法
批准文号：鲁建质监字〔2023〕3号
工法编号：SDSJGF2023234F
完成单位：天元建设集团有限公司
临沂市不动产登记交易中心

图 9.4-55　六项省级工法

（4）四项微创新技术大赛成果：①混凝土输送管固定减震技术研究及应用；②密目式安全网快速清洗设备研究与应用；③临边洞口防护施工技术研究与应用；④可移动式湿拌砂浆高效转储施工装置。如图 9.4-56 所示。

图 9.4-56　四项微创新技术大赛成果

（5）三项国家级 QC 成果：①研制可调节砌体墙开槽弹线装置；②研制接地扁铁自动喷漆装置；③研制悬挑脚手架底部硬防护。如图 9.4-57 所示。

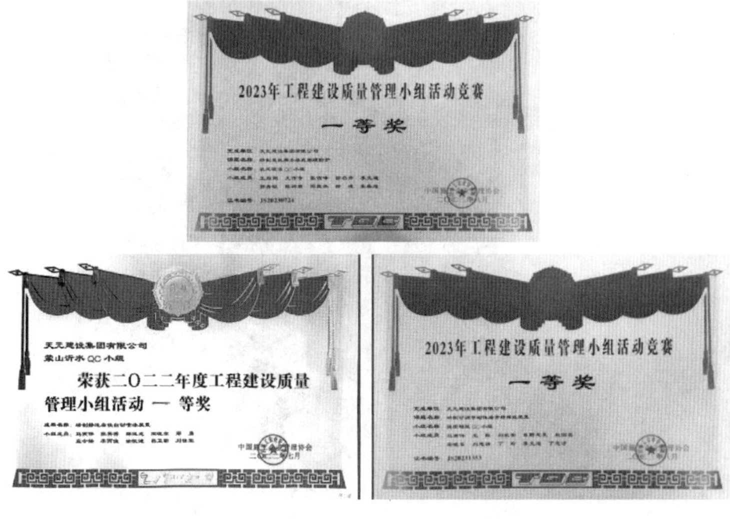

图 9.4-57　三项国家级 QC 成果

9.5 绿色交付

（1）项目交付前计算实际碳排放量。

（2）制定建筑物各子系统运行维护操作规程和维护保养手册。

（3）交付前的绿色建筑检测，出具建筑使用说明书。

（4）按照绿色交付标准及成果要求准备实体交付及数字化交付成果，并保证交付成果与实体交付成果信息准确率达到100%。

（5）工程交付时对参与运行的管理人员进行专业培训并进行考核，确保考核率达到100%，确保绿色交付按质、按时进行。

（6）本工程交付前将各分部、分项工程的设计、施工、检测等技术资料进行整合，并按照相关标准移交建设单位和运营单位。

9.6 创新技术

1. 现浇混凝土泵管清洗废料收集再利用技术

（1）该技术的指标及实施要点。根据设计要求截取导流管并焊制漏斗，然后将其连接并固定在后浇带位置。制作偏心轮与长为350mm的轴承，在轴承上安装偏心轮、皮带轮，在框架上焊制8根角铁作为底托，将焊好的皮带轮与偏心轮的轴承固定在框架上，截取扁铁连接件，将其一端与偏心轮连接，另一端与筛网用螺栓连接，最后将称重传感器安装在最上层筛网上并连接到变频装置，通过称重传感器反馈的重量变化实现筛网的振动频率变化。根据设计焊制的悬臂连接件并与筛网用螺栓连接固定在框架上，用9个锥形喷嘴与水管进行分布安装，在底部焊接矩形承接水槽，按1%的坡度连接在两端支座上，并在左侧位置焊接DN40圆形钢管，最后进行技术装置安装，如图9.6-1所示。

图9.6-1 现浇混凝土泵管清洗废料收集再利用装置效果图

（2）适用范围。本技术成果适用于主体施工时现浇混凝土泵管（天泵、地泵）清洗废料不同粒径砂石的收集再利用。本技术成果在我公司已得到了广泛的应用。

（3）应用推广实例。罗庄区人民医院工程位于临沂市罗庄区，总建筑面积 17.53 万 m^2，建筑高度 67.9m，地下 1 层，地上 15 层，南北向长 230m，东西向长 240m。开工日期为 2022 年 2 月 20 日，计划竣工日期为 2025 年 9 月 30 日，框架剪力墙结构。本工程单层建筑面积大，单层施工段划分较多，混凝土浇筑需求量大，工期紧、任务重，清洗泵管的次数多、废料多，且浪费严重。通过采用本技术成果施工，提高了现浇混凝土泵管清洗废料收集再利用率，满足了现场节能环保、绿色施工要求，其推广效果得到大家的一致好评。该技术经过多个工程应用实践证明，技术非常成熟，已达到国家领先水平。

2. 悬挑脚手架底部硬防护施工技术

（1）该技术的指标及实施要点。可调节组合式悬挑脚手架底部硬防护采用全钢构件现场组装而成，底部 π 形方钢骨架嵌固 于水平连杆上，为平面防护钢板提供支撑。增加的活动翻板通过预留 U 形卡槽形成抽拉结构，实现可调节活动翻板长度的效果，从而使之能够适用于多种立杆间距（横向：1.2～1.8m；纵向：0.6～0.9m）的悬挑脚手架；平面防护板与活动翻板通过轴销连接形式形成可错位连接结构，以确保其能够适用于连续多个立杆间距过小或过大导致立杆超出卡槽抽拉范围的情况，斜面防护板与立面防护板通过合页连接，保证了安装的便捷性。

（2）适用范围。本技术成果适用于本工法适用于建筑结构施工外悬挑脚手架多种立杆间距（横向：1.2～1.8m；纵向：0.6～0.9m）的底部硬防护。本技术成果在我公司已得到了广泛的应用。

（3）应用推广实例。河东区文体教育中心项目位于临沂河东区，总建筑面积 50687.42m^2，开工日期 2021 年 11 月 1 日，竣工日期 2023 年 1 月 25 日；其中综合楼为框剪结构，地下 1 层，地上 9 层，建筑周长 187.2m，建筑高度 39.6m，需悬挑两次，脚手架底部硬防护总面积约 520m^2；1# 、2# 公寓楼为地下 1 层，地上 6 层，建筑周长为 178.4m，建筑高度 23.5m，悬挑一次，脚手架底部硬防护面积均约为 260m^2。按本技术实施后，改变了传统施工方法，避免了现场配模过程，提高了施工效率，做到了安全、绿色、文明施工。如图 9.6-2、图 9.6-3 所示。

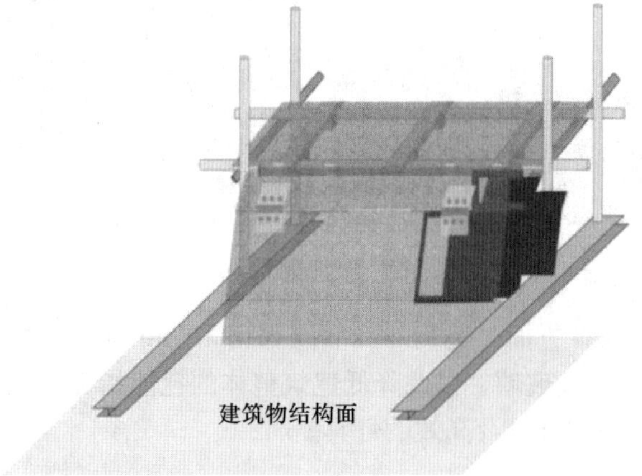

图 9.6-2　悬挑脚手架底部硬防护施工技术效果图

图 9.6-3　悬挑脚手架底部硬防护施工技术应用实景

9.7　亮点经验

（1）在基础结构设计方面。从基础层面着手，对基础方案进行综合分析和比较，从中选择最优方案，如图 9.7-1 所示。在设计过程中，要充分保证建筑结构的整体安全性和耐久性，同时针对绿色建筑设计理念进行有效的融入。

图 9.7-1　基础结构选型现场施工图

（2）在节地方面。通过设置地下车库等合理开发地下空间，如图 9.7-2 所示，实现节约集约利用土地。同时，周围交通设施及公共服务便利，通过场地内径流减排、污染控制、雨水收集等措施，营造出舒适的场地环境。

图 9.7-2　合理设计地下车库

（3）在建筑节能设计方面。建筑外墙节能采用 100mm 厚岩棉板，外挂石材，外窗采用高透光性能的 Low-E 玻璃，以此降低建筑整体的耗能指标，如图 9.7-3 所示。项目还采用高光效光源、高效灯具及高效的灯具。

图 9.7-3 建筑外墙节能

（4）在海绵城市与雨水回用设计方面。项目场地内设置透水铺装，能够使雨水迅速渗入地表，达到蓄水防涝的作用，如图 9.7-4 和图 9.7-5 所示。同时，设置雨水收集水处理系统，收集屋面及道路雨水，经过消毒和过滤等处理后，用于室外的绿化和道路浇洒、水景用水。

图 9.7-4 广场砖铺装效果

图 9.7-5 人行道铺装效果

（5）设计公共场所照明系统时，采用分区、定时、感应等控制措施，使得能源消耗同比降低 20%以上，节能减排效果显著，如图 9.7-6 和图 9.7-7 所示。

图 9.7-6 室内照明控制

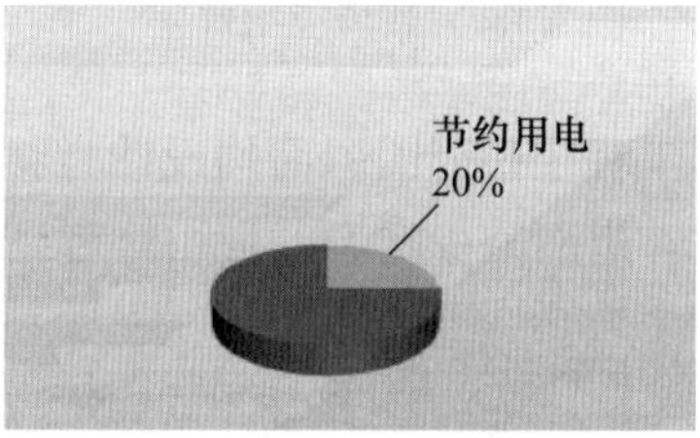

图 9.7-7 节约用电统计

（6）充分利用太阳能，采用节能的建筑围护结构以及采暖和空调系统，减少采暖和空调的使用频率。根据自然通风的原理设置风冷系统，使建筑能够有效地利用夏季的主导风向。建筑采用适应当地气候条件的平面形式及总体布局。如图 9.7-8～图 9.7-10 所示。

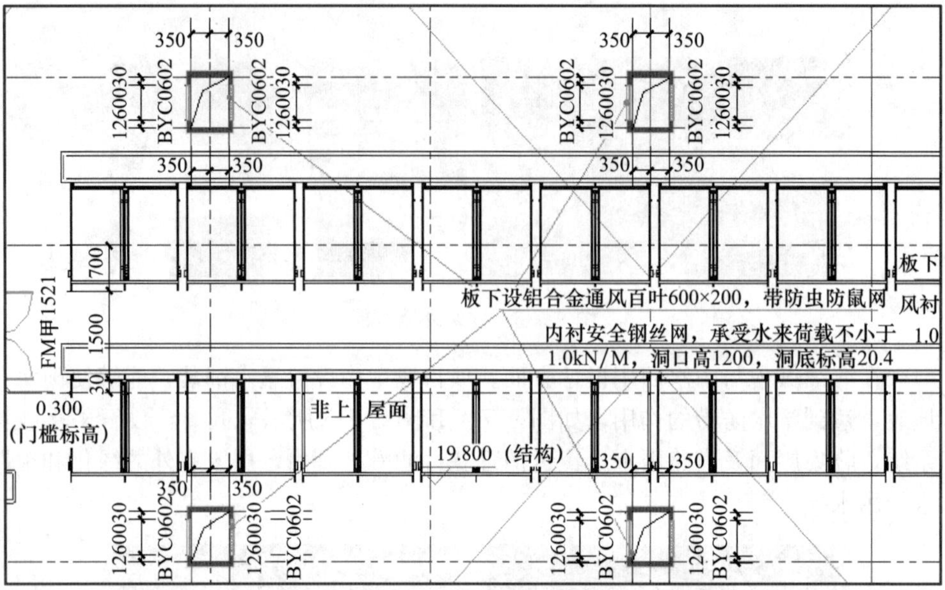

图 9.7-8 图纸设计

图 9.7-9 现场应用效果

图 9.7-10 室内热水供应

（7）本工程主楼周圈屋面均设计为斜屋面，能够减少阳光照射对顶层室内温度产生的较大变化，进而减少空调的使用，起到节能作用，如图 9.7-11 和图 9.7-12 所示。

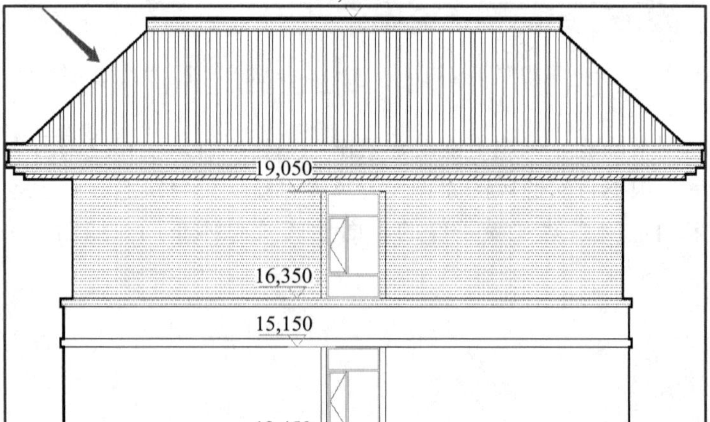

图 9.7-11 斜屋面设计

图 9.7-12　斜屋面施工效果

（8）本工程选址靠近山体，位于山体偏东南方位，如图 9.7-15 所示。工程处于温带季风气候区，这样的选址可减少冬季冷空气对建筑物保温性能的影响，既节约了土地，又充分利用地理优势。

图 9.7-13　工程选址靠近山体

（9）外墙设计以满足自然采光、自然通风要求为原则，减少对电器设备的依赖，设计时采用明厅、明卧、明卫、明厨的设计理念，同时努力提高室内环境的热稳定，如图 9.7-14所示。本工程具体做法包括：采用了良好的外墙材料，利用更好的石材代替黏土砖，节省土地资源；采用了选择性镀膜窗户，其导热系数较小，能够改善室内环境的热稳定性；加强门窗的气密性，减少热交换；使用各种轻便可调节的遮阳设备，抵卸夏季太阳的直接辐射，同时在冬季能够灵活调节，便于采光。

图 9.7-14　外窗效果

（10）玻璃幕墙相较于普通墙体，具有良好的透光性，室内可充分利用光资源来改善室内亮度，从而减少照明灯的用电量。如图 9.7-15 和图 9.7-16 所示。

（11）屋面设置采光井，可充分利用太阳光改善室内亮度，有效降低室内灯具照明用电，起到了节能作用。如图 9.7-17、图 9.7-18 所示。

（12）雨水、中水收集系统进行一次性收集，收集后的水均用于冲厕、绿化，节约总用水量 25%以上。如图 9.7-19 所示。

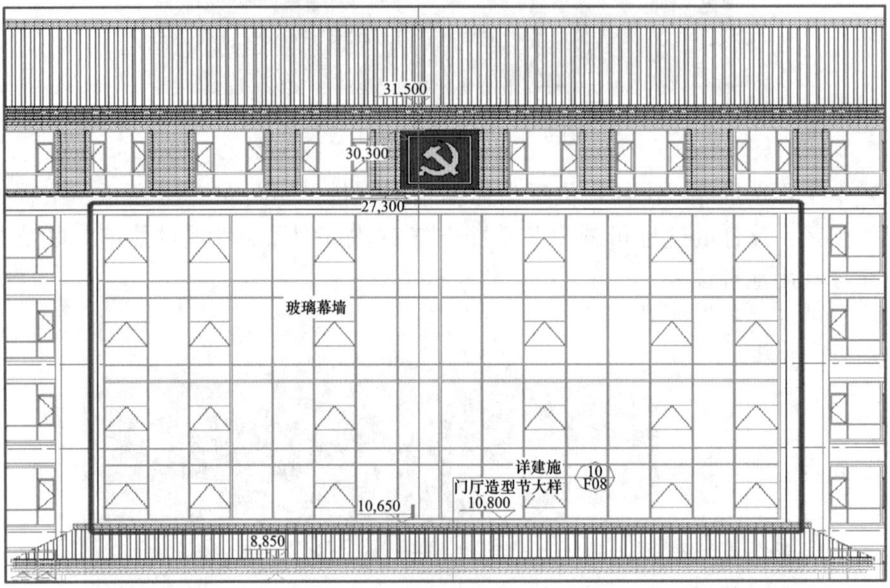

图 9.7-15　玻璃幕墙设计

图 9.7-16　玻璃幕墙效果

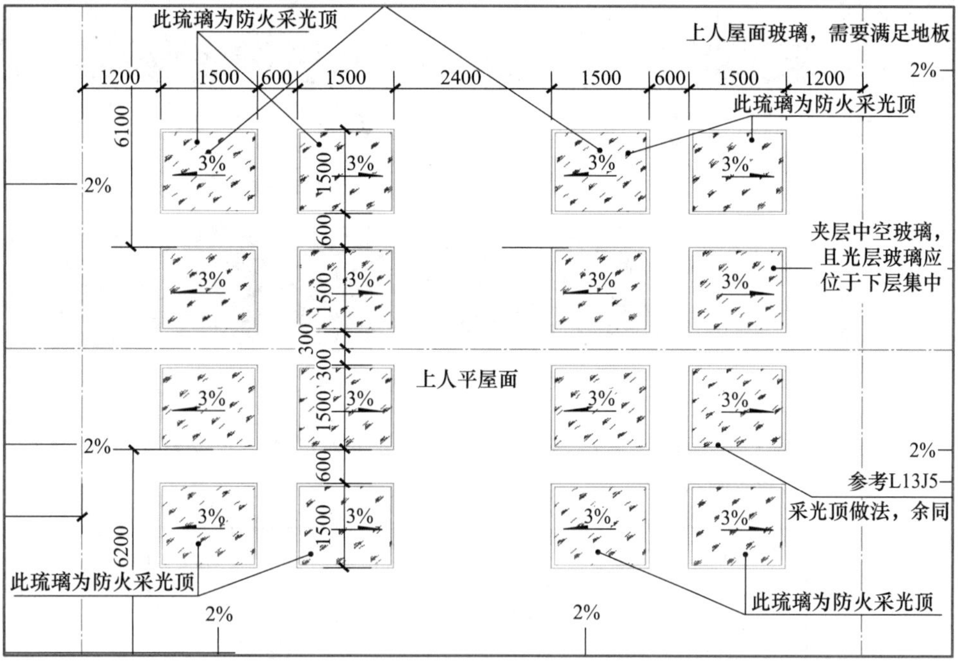

图 9.7-17　采光井设计

图 9.7-18　采光井效果

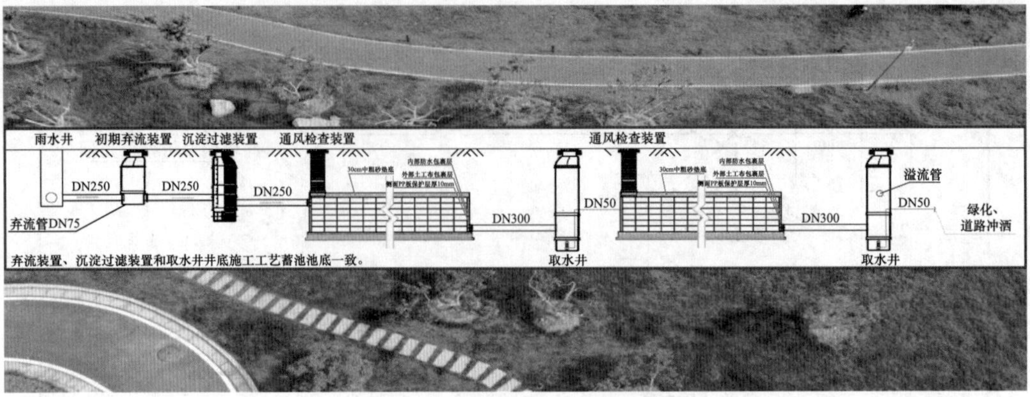

图 9.7-19　雨水、中水收集系统

（13）建筑规划科学合理，公寓楼各单体之间以连廊贯通，建筑组合高度集成，如图 9.7-20 和图 9.7-21 所示。

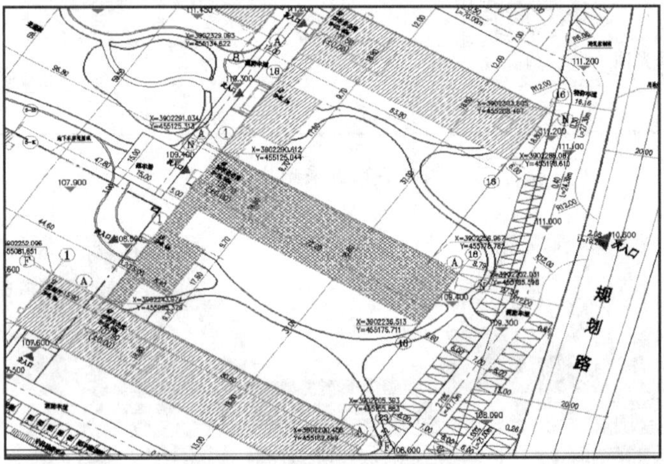

图 9.7-20　设计连廊贯通各单体

图 9.7-21　连廊贯通各单体效果

(14) 本工程地基设计为下柱墩＋筏板基础，采用下柱墩基础，在施工时不用考虑回填土作业，减少对土地资源的浪费。如图 9.7-22 和图 9.7-23 所示。

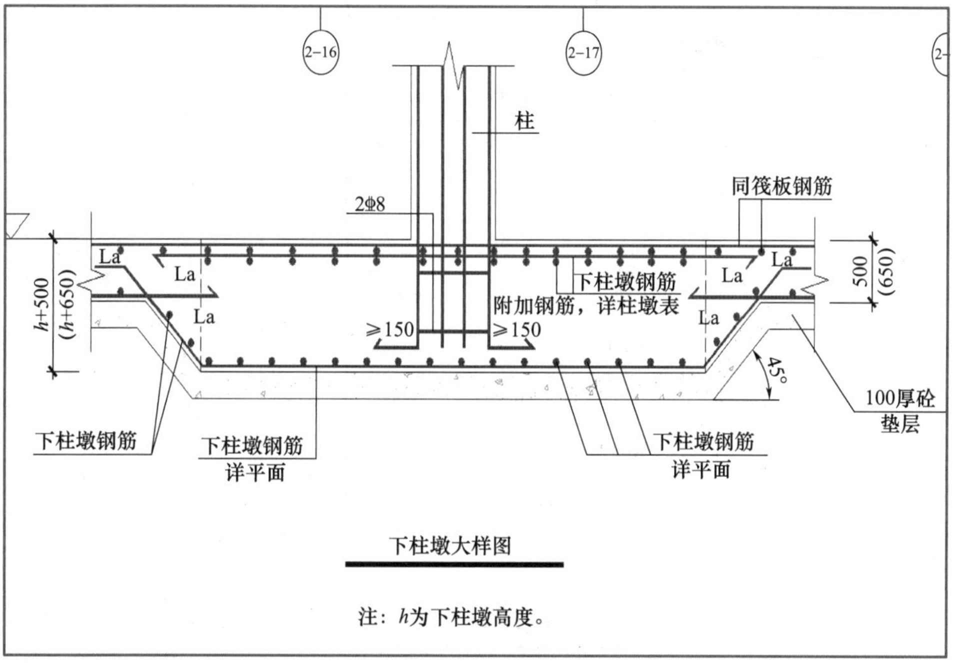

图 9.7-22 下柱墩设计

图 9.7-23 下柱墩施工效果

(15) 本工程混凝土柱及配筋因设计层数不同而采用不同混凝土标号、不同钢型号的钢筋。一般位于底部的混凝土标号较高，配筋型号大且根数较多。设计时充分考虑抗震及承载力的影响，在满足规范要求的情况下进行取值，既节约材料又满足设计要求，如图 9.7-24 和图 9.7-25 所示。

层号	建筑标高(m)	h结构标高(m)	结构层高(m)	柱	梁、板
屋面层	35.850	35.850		C30	C30
机房层	31.200	31.200	4.650		
7	27.000	26.950	4.250		
6	22.800	22.750	4.200	C35	
5	18.600	18.550	4.200		
4	14.400	14.350	4.200		
3	10.200	10.150	4.200		
2	6.000	5.950	4.200	C40	
1	0.000	-0.050	6.000		
-1	基础顶	基础顶	按实际		
				混凝土标号	

结构层高表

本工程嵌固部位：地下室顶板

抗震等级：二级（构造二级）

图 9.7-24　不同层数混凝土标号设计

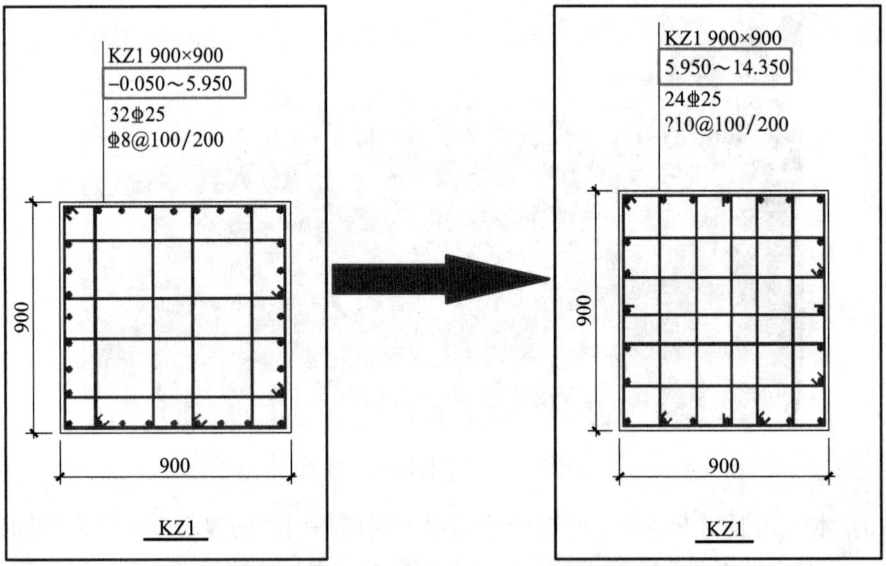

图 9.7-25　不同层数配筋设计

（16）本工程综合报告厅设计采用钢结构屋面，节约材料并减轻自重。如图 9.7-26 和图 9.7-27 所示。

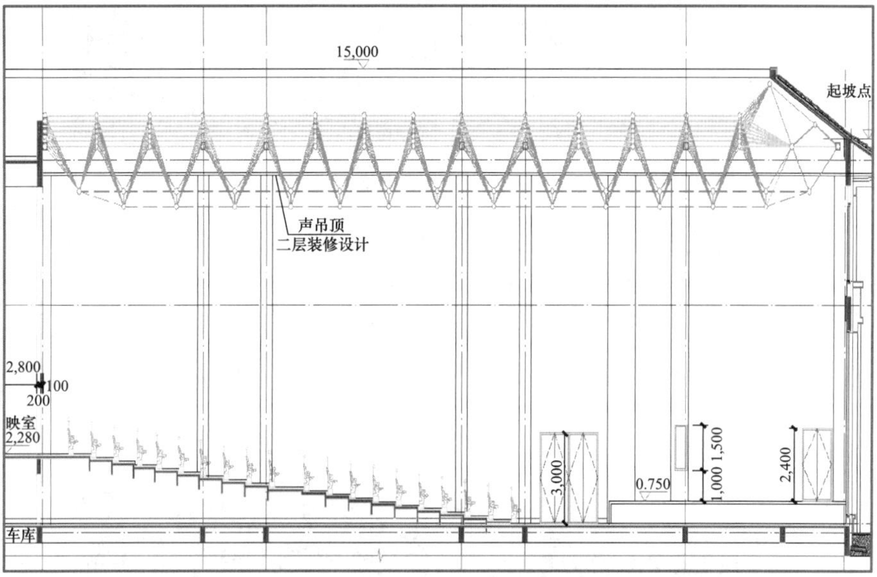

图 9.7-26　钢结构屋盖设计

图 9.7-27　钢结构施工

（17）设计采用建筑形体和布置规则的框架结构，造型简约，无大量装饰性构件，如图 9.7-28 所示。建筑门窗、幕墙、围栏及其配件的力学性能、热工性能和耐久性等符合相应产品标准规定，并满足设计使用年限要求。

本项目通过科技引领，进一步推动了绿色建造的应用。

（1）BIM 技术的应用为绿色施工提供了技术保障。在场地布置、管线碰撞和深化设计阶段都有着重要的作用，它大幅提高了工作效率，并减少了返工现象的发生。

图 9.7-28　框架结构施工效果

（2）积极开展科技创新工作，通过运用新技术，对施工现场的水电资源、物资、噪声和扬尘进行有效管控，从而实现节能减排的目标。

（3）本项目自开工以来，受到政府和社会各界的高度关注和认可，多次受到专家领导的观摩指导，树立了良好的品牌形象，取得了较好的社会效益，如图 9.7-29 所示。

图 9.7-29　各级领导莅临现场检查指导工作

（4）项目自开工到交付运营，先后迎接了各级领导的多次视察观摩活动。项目组织观摩达 30 余次，累计观摩人数 1200 余人，得到了社会各界的认可与好评。2023 年 4 月，本项目成功举办“费县住建系统安全生产应急救援演练暨安全生产月活动”。此外，工程还先后荣获临沂市优质结构、临沂市安全文明标准化工地、山东省建筑施工安全文明标准化工地、山东省新技术应用创新竞赛一等奖、山东省绿色施工科技示范工程、山东省工程质量管理标准化示范工程、泰山杯奖等。如图 9.7-30～图 9.7-40 所示为工程部分创奖情况展示：

图 9.7-30　2023 年工程建设质量信得过班组活动示范级费县乡村振兴项目管理班组

图 9.7-31　2023 年工程建设质量信得过班组活动示范级金属幕墙施工班组

图 9.7-32　山东省建筑信息模型（BIM）技术应用大赛施工组综合类一类成果

图 9.7-33　2023 年建设工程项目管理成果推广应用活动Ⅲ类成果

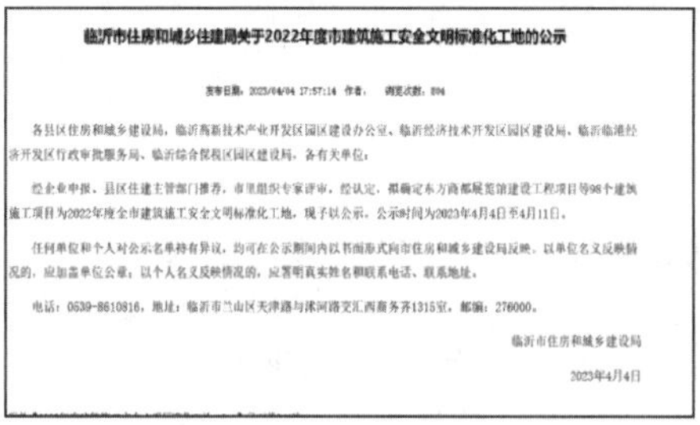

临沂市住房和城乡住建局关于2022年度市建筑施工安全文明标准化工地的公示

发布日期：2023/04/04 17:57:14　作者：　浏览次数：894

各县区住房和城乡建设局，临沂高新技术产业开发区园区建设办公室、临沂经济技术开发区园区建设局、临沂临港经济开发区行政审批服务局、临沂综合保税区园区建设局，各有关单位：

经企业申报、县区住建主管部门推荐，市里组织专家评审，经认定，拟确定东方商都展览馆建设工程项目等98个建筑施工项目为2022年度全市建筑施工安全文明标准化工地，现予以公示，公示时间为2023年4月4日至4月11日。

任何单位和个人对公示名单持有异议，均可在公示期间内以书面形式向市住房和城乡建设局反映，以单位名义反映情况的，应加盖单位公章；以个人名义反映情况的，应署明真实姓名和联系电话、联系地址。

电话：0539-8610816，地址：临沂市兰山区天津路与沭河路交汇西商务齐1315室，邮编：276000。

临沂市住房和城乡建设局

2023年4月4日

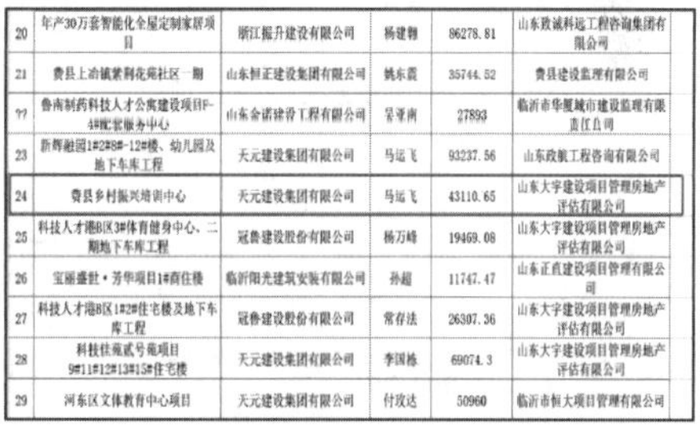

20	年产30万套智能化全屋定制家居项目	浙江振升建设有限公司	杨建勳	86278.81	山东致诚科远工程咨询集团有限公司
21	费县上冶镇紫荆花苑社区一期	山东恒正建设集团有限公司	姚东霞	35744.52	费县建设监理有限公司
22	鲁南制药科技人才公寓建设项目F-4#配套服务中心	山东金诺建筑工程有限公司	吴亚南	27893	临沂市华厦城市建设监理有限责任公司
23	新辉融园1#2#8#-12#楼、幼儿园及地下车库工程	天元建设集团有限公司	马运飞	93237.56	山东政航工程咨询有限公司
24	费县乡村振兴培训中心	天元建设集团有限公司	马运飞	43110.65	山东大宇建设项目管理房地产评估有限公司
25	科技人才港B区3#体育健身中心、二期地下车库工程	冠鲁建设股份有限公司	杨万峰	19469.08	山东大宇建设项目管理房地产评估有限公司
26	宝丽盛世·芳华项目1#商住楼	临沂阳光建筑安装有限公司	孙超	11747.47	山东正直建设项目管理有限公司
27	科技人才港B区1#2#住宅楼及地下车库工程	冠鲁建设股份有限公司	常存法	26307.36	山东大宇建设项目管理房地产评估有限公司
28	科技住苑贰号苑项目9#11#12#13#15#住宅楼	天元建设集团有限公司	李国栋	69074.3	山东大宇建设项目管理房地产评估有限公司
29	河东区文体教育中心项目	天元建设集团有限公司	付玫达	50960	临沂市恒大项目管理有限公司

图 9.7-34　临沂市安全文明标准化工地

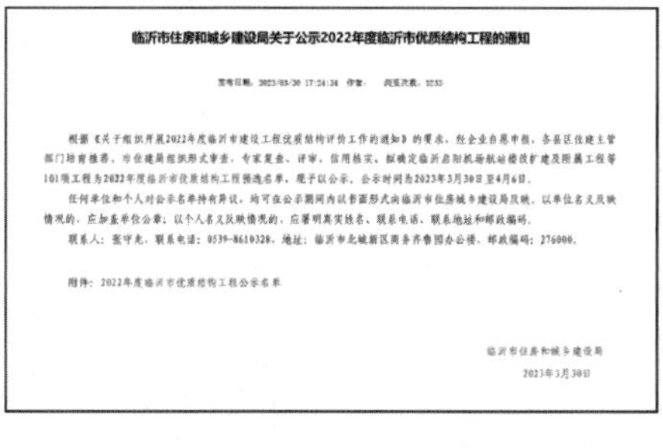

临沂市住房和城乡建设局关于公示2022年度临沂市优质结构工程的通知

发布日期：2023/03/30 17:24:34　作者：　浏览次数：1233

根据《关于组织开展2022年度临沂市建设工程优质结构评价工作的通知》的要求，经企业自愿申报，各县区住建主管部门培育推荐，市住建局组织形式审查，专家复查、评审，信用核实，拟确定临沂启阳机场航站楼改扩建及附属工程等101项工程为2022年度临沂市优质结构工程拟选名单，现予以公示，公示时间为2023年3月30日至4月6日。

任何单位和个人对公示名单持有异议，均可在公示期间内以书面形式向临沂市住房城乡建设局反映，以单位名义反映情况的，应加盖单位公章；以个人名义反映情况的，应署明真实姓名、联系电话、联系地址和邮政编码。

联系人：张守光，联系电话：0539-8610328，地址：临沂市北城新区商务齐鲁园办公楼，邮政编码：276000。

附件：2022年度临沂市优质结构工程公示名单

临沂市住房和城乡建设局

2023年3月30日

	楼C36-1				
43	年产30万套智能化全屋定制家居项1#厂房	浙江振升建设有限公司	建设	山东云峰莫干山家居有限公司	费县
			监理	山东致诚科远工程咨询集团有限公司	
			勘察	山东永固勘察施工工程有限公司	
			设计	浙江东设建筑设计有限公司	
44	费县费城街道2021年度衔接资金标准化车间项目3#车间	山东坤和市政工程有限公司	建设	费县人民政府费城街道办事处	费县
			监理	山东建院工程监理咨询有限公司	
			勘察	建勘勘测有限公司	
			设计	山东大地建筑规划设计有限公司	
45	费县乡村振兴培训中心项目2#、3#、4#学员公寓楼及综合楼	天元建设集团有限公司	建设	山东城资运营国有资产（集团）有限公司	费县
			监理	山东大宇建设项目管理房地产评估有限公司	
			勘察	山东地矿开元勘察施工总公司	
			设计	山东大卫国际建筑设计有限公司	
46	费县温河湾小区东区2#住宅楼	冠鲁建设股份有限公司	建设	费县东城新区建设开发有限公司	费县
			监理	山东天健信达工程咨询有限公司	
			勘察	山东地矿开元勘察施工总公司	
			设计	临沂市建筑设计研究院有限责任公司	
	蒙阴县人民	冠鲁建	建设	蒙阴县人民医院	

图 9.7-35　临沂市优质结构

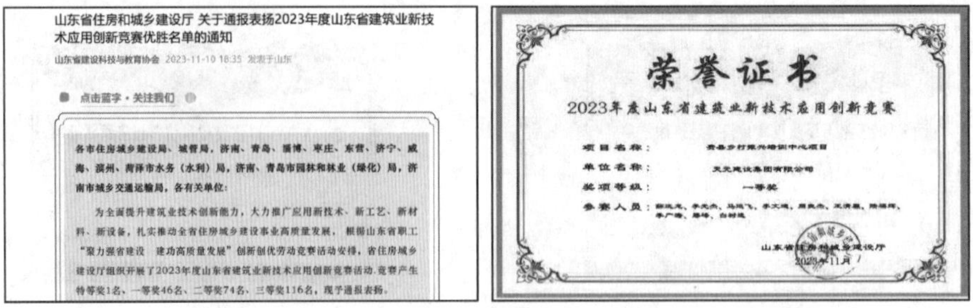

山东省住房和城乡建设厅 关于通报表扬2023年度山东省建筑业新技术应用创新竞赛优胜名单的通知

山东省建设科技与教育协会 2023-11-10 18:35 发表于山东

各市住房城乡建设局、城管局，济南、青岛、淄博、枣庄、东营、济宁、威海、滨州、菏泽市水务（水利）局，济南、青岛市园林和林业（绿化）局，济南市城乡交通运输局，各有关单位：

为全面提升建筑业技术创新能力，大力推广应用新技术、新工艺、新材料、新设备，扎实推动全省住房城乡建设事业高质量发展，根据山东省职工"聚力强省建设 建功高质量发展"创新创优劳动竞赛活动安排，省住房城乡建设厅组织开展了2023年度山东省建筑业新技术应用创新竞赛活动.竞赛产生特等奖1名，一等奖46名、二等奖74名，三等奖116名，现予通报表扬。

荣誉证书

2023年度山东省建筑业新技术应用创新竞赛

项目名称：费县乡村振兴培训中心项目

单位名称：天元建设集团有限公司

奖项等级：一等奖

山东省住房和城乡建设厅

2023年11月

图 9.7-36 新技术应用创新竞赛一等奖

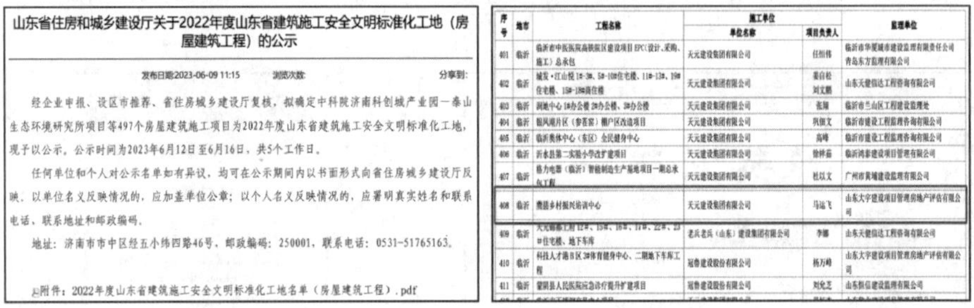

山东省住房和城乡建设厅关于2022年度山东省建筑施工安全文明标准化工地（房屋建筑工程）的公示

发布日期2023-06-09 11:15

经企业申报、设区市推荐、省住房城乡建设厅复核，拟确定中科院济南科创城产业园一泰山生态环境研究所项目等497个房屋建筑施工项目为2022年度山东省建筑施工安全文明标准化工地，现予以公示，公示时间为2023年6月12日至6月16日，共5个工作日。

任何单位和个人对公示名单如有异议，均可在公示期间以书面形式向省住房城乡建设厅反映。以单位名义反映情况的，应加盖单位公章；以个人名义反映情况的，应署明真实姓名和联系电话、联系地址和邮政编码。

地址：济南市市中区经五小纬四路46号，邮政编码：250001，联系电话：0531-51765163。

附件：2022年度山东省建筑施工安全文明标准化工地名单（房屋建筑工程）.pdf

序号	地市	工程名称	施工单位 单位名称	项目负责人	监理单位
408	临沂	费县乡村振兴培训中心	天元建设集团有限公司	马运飞	山东大学建设项目管理房地产评估有限公司

图 9.7-37 山东省建筑施工安全文明标准化工地

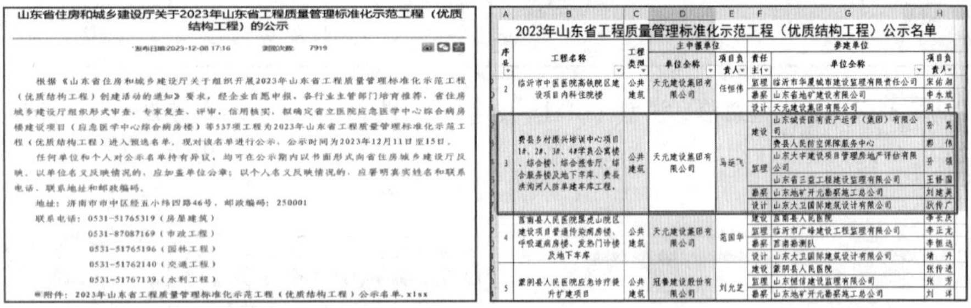

山东省住房和城乡建设厅关于2023年山东省工程质量管理标准化示范工程（优质结构工程）的公示

发布日期2023-12-08 17:16

根据《山东省住房和城乡建设厅关于组织开展2023年山东省工程质量管理标准化示范工程（优质结构工程）创建活动的通知》要求，经企业自愿申报，各行业主管部门培育推荐，省住房城乡建设厅组织形式审查、专家复查、评审、信用核实，拟确定省立医院应急医学中心综合病房楼建设项目（应急医学中心综合病房楼）等537项工程为2023年山东省工程质量管理标准化示范工程（优质结构工程）进入预选名单，现对该名单进行公示，公示时间为2023年12月11日至15日。

任何单位和个人对公示名单持有异议，均可在公示期内以书面形式向省住房城乡建设厅反映。以单位名义反映情况的，应加盖单位公章；以个人名义反映情况的，应署明真实姓名和联系电话、联系地址和邮政编码。

地址：济南市市中区经五小纬四路46号，邮政编码：250001

联系电话：0531-51765319（房屋建筑）

0531-87087169（市政工程）

0531-51765196（园林工程）

0531-51762140（交通工程）

0531-51767139（水利工程）

附件：2023年山东省工程质量管理标准化示范工程（优质结构工程）公示名单.xlsx

2023年山东省工程质量管理标准化示范工程（优质结构工程）公示名单

序号	工程名称	工程类别	主申报单位 单位全称	项目负责人
3	费县乡村振兴培训中心项目1#、2#、3#、4#学员公寓楼、综合楼、综合服务楼、综合服务楼及地下车库、费县涝沟河人防单建车库工程。	公共建筑	天元建设集团有限公司	马运飞

图 9.7-38 山东省工程质量管理标准化示范工程

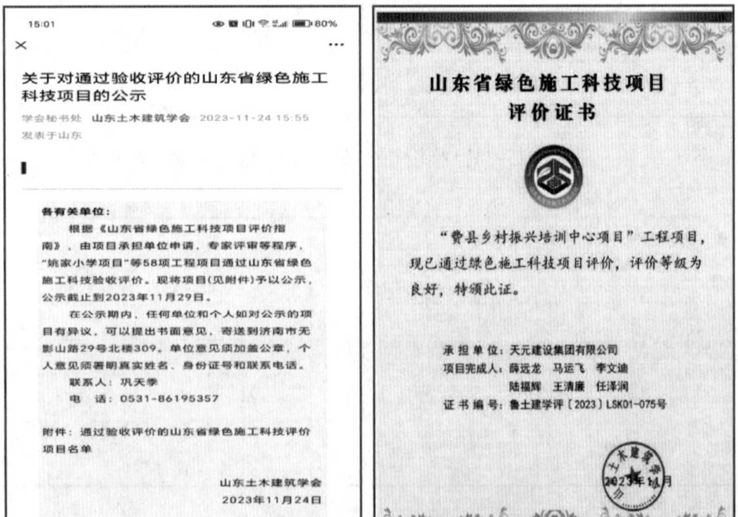

关于对通过验收评价的山东省绿色施工科技项目的公示

学会秘书处 山东土木建筑学会 2023-11-24 15:55 发表于山东

各有关单位：

根据《山东省绿色施工科技项目评价指南》，由项目承担单位申请，专家评审等程序，"姚家小学项目"等58项工程项目通过山东省绿色施工科技验收评价。现将项目(见附件)予以公示，公示截止到2023年11月29日。

在公示期内，任何单位和个人如对公示的项目有异议，可以提出书面意见，寄送到济南市无影山路29号北楼309。单位意见须加盖公章，个人意见须署明真实姓名、身份证号和联系电话。

联系人：巩天学

电 话：0531-86195357

附件：通过验收评价的山东省绿色施工科技评价项目名单

山东土木建筑学会

2023年11月24日

山东省绿色施工科技项目

评价证书

"费县乡村振兴培训中心项目"工程项目，现已通过绿色施工科技项目评价，评价等级为良好，特颁此证。

承担单位：天元建设集团有限公司

项目完成人：薛远龙 马运飞 李文迪 陆福辉 王清廉 任泽润

证书编号：鲁土建学评〔2023〕LSK01-075号

2023年11月

图 9.7-39 山东省绿色科技示范工程

荣誉证书

Honorary Certificate

天元建设集团有限公司：

你单位申报的 费县乡村振兴培训中心、费县洪沟河人防单建工程 工程项目

荣获2023年度“山东省工程建设泰山杯奖”。

山东省住房和城乡建设厅

二〇二四年一月

证书编号：202338301

图 9.7-40　泰山杯奖

本工程自立项以来，便从绿色策划、设计、施工等多个方面入手，有效利用新技术，采用节约资源型建筑结构形式，并量化指标，在施工中采用绿色、节约新型可重复循环利用的建筑材料、工艺，合理充分地降低了对环境的破坏和污染，减低了对周边环境的影响。本项目的建成，将有效改善周边自然环境和社会环境，为促进当地社会经济发展起到积极的推动作用。

本项目通过创建绿色建造示范工程，在技术创新、绿色施工及参与建造各方保持了良好的沟通协调，相对于普通建造方式有了良好的开端。然而，绿色建造是一项涵盖所有参建单位的综合性活动，从绿色策划到绿色交付全过程实施中，需要建立完善的绿色建造管理体系和责任夯实制度，使参建各方能清楚认识到自身的不足和长处，在参建过程中充分发挥自身优势，全方面、全专业地提升科技创新能力。